活着，
就是创造自己的故事

生きるとは、
自分の物語をつくること

[日] 小川洋子 河合隼雄 | 著

李立丰 宋婷 | 译

中国出版集团
东方出版中心

目　录

一

灵魂之所在

当友情降临

河合：读了小川你的小说《博士的爱情算式》^①，感触颇
深。或许因为我本人也是数学专业出身的缘故吧。

小川：原来您学的是数学。

河合：对，所以特别感慨。同名电影里不是出现了一位

年轻的数学老师吗，这个人物勾起了我当高中老师时的很多回忆。

小川：您当时是在奈良育英学园教书吧。

河合：是啊。说起来，搞数学的对数字都有种特殊的感觉呢。比如，大家都对数字很敏感。很多人都喜欢 7，因为大家都喜欢"质数"。

小川：没错，这个我也听说过。

河合：能把这些都写成小说，让人打心眼儿佩服，真的很了不起。

小川：漫无边际地胡思乱想，是我们这些写小说的人的工作嘛。

河合：就是胡思乱想才有意思呢。我平时也各种乱想，只可惜啊，没法落笔成文。

小川：以前真的对这个毫无感觉。非常偶然的一次接触，才理解了原来数字之美带给数学家的感动，就跟花儿的美丽、星空的璀璨带给我们普通人的感动是一样的。

河合：说的没错。

小川：发现搞数学的在做研究时干劲十足后，我的价值观也发生了不小的变化。

河合：所以说数学家必须要有审美。可惜啊，我没有
（笑）。说实话，就是因为这个才放弃数学的。数
学被称为万般学问之王，有那么一阵子，隐约窥
见过女王陛下的尊容，但最终还是觉得高攀不起，
于是才选择了现在的"糟糠之妻"，对，就是临床
心理学。

小川：一针见血呀。数学的确是带着点王者的那种高冷
范儿。

河合：真的是这样，没两下子，绝对无法驾驭数学。

小川：是啊。感觉数学家的智商高过普通人一大截。

河合：擅长数学的家伙，脑子真的跟一般人不一样。不过
话说回来，人太聪明，就会在常识方面有所欠缺。

小川：是啊，这就能刺激小说家生成各种奇思妙想。

河合：其实这部小说之所以让我这么兴奋，还有一个原因，
就是我最近也写了一本书，叫作《大人的友情》①。

小川：嗯，已经拜读了。

---

① 可参见［日］河合隼雄：《大人的友情》，赖明珠译，万卷出版公司 2010 年版。

河合： 在这本书中最想表达的，就是无论男人抑或女人、大人抑或孩子、残疾人抑或正常人，都需要友情。可以说小川你的这部小说为我提供了很大的灵感。

小川： 在《博士的爱情算式》中，照常理来说，最不可能成为朋友的两个人就是博士和阿根了。年龄差距大，知识水平完全不在一个层次。但就在这两个异类之间，友谊瞬间萌发了。

河合： 我倒是觉得，越是这种关系，越容易产生友谊。瞬间发生，又无比纯粹。要是其他关系，弄不好还要掺入男女私情之类的杂质。

小川： 这两个人的友谊毫无道理可言，可能是那种本能的惺惺相惜吧。但说实话，这其实不是有意识创作的结果。

河合： 这两个人啊，其实特别像。从某种意义上来说，博士也是孩子，或者说是残缺者。用普通人的眼光来看，他们生活在不同的世界。从这一点来讲，孩子特别有灵性，不被种种世俗判断限制，两个人摆脱了套在身上的重重束缚，才会如此迅速地打开对方的心房。也可以说，他们俩"路径相同"。

小川：如此说来，"route"这个名字还是有特殊含义的。

河合：关于"route"这个名字啊，突然有个想法。电影结尾处出现了一个原作里没有的画面，就是博士的嫂子最后打开了久未开启的木门，说了句："这扇门会一直开着。"[①] 看到这，不禁感叹："啊！是啊，这是打开了一条 route 啊。"

小川：是啊！一条通向远方的道路。

河合：route 既是"根号"的意思，又有"路径"之意。哎，总是想这些稀奇古怪的事。

小川：千万别这么说。作为作者，有很多事我也是后知后觉。记得先生在著作中曾举过修复的例子。您提到，负责京都国立博物馆修复工作的负责人透露，在修复棉麻制品时，如果用作补料的新布过于坚硬，反而会伤及陈列物。您还说，用作修复的东西和被修复的东西在力量上必须均衡。

河合：对！这一点非常重要，大多数情况下，助人者都

---

① ［原注］电影中，博士的嫂子对保姆说："以后你可以随时来这，这扇门会一直开着。"

是强势的。

小川：是啊，出于强烈的使命感。

河合：所以，受助的一方就很难接住。能够调整至和对方相同的力度，需要受过专业训练才行。像我从事的工作就要求不管咨询室里坐的是什么人，都必须将力道调整为与其匹配的程度。而坐在你对面的来访者各不相同，有可能是长者，也有可能是小孩。

小川：先生的这席话让我感受颇深。其实之所以将博士描写为十分优秀的老师，也是因为这个。他天赋异禀，能走进根号君的无助与孤独。

河合：是啊！能塑造出如此有趣的人物，真的出彩。当然了，数字的想法也很妙。

数字的吸引

河合：博士只有80分钟记忆的桥段设置，是怎么琢磨出来的呢？

小川：这个嘛，还要从江夏丰①说起。我发现江夏的球衣号码是一个完美数②，于是就想是不是可以把棒球和数字结合起来。

河合：啊！原来是球员的号码，这个也好厉害！

小川：完全出于偶然啦。

河合：说到 28 这个数字，我想到的也是完美数。对了，还有，吉田义男③是 23 号，23 也是我喜欢的数字。

小川：村山实④的 11 号，也是个质数。

河合：无论选手还是球迷，都对球衣号码抱有执念啊，这也让数字不再枯燥无味。

小川：说到 28 号，其实是江夏效力于阪神虎队时期的球服号。在南海和广岛时，他用的都不是这个数字。

河合：说起来，有可能是因为 28 这个数字就此终结，所以小川你要用某种形式把它保留下来。

---

① 江夏丰，日本著名棒球运动员，前阪神队投手，曾穿 28 号球衣。
② 完美数，又称完全数或完备数，是一些特殊的自然数，其所有的真因子（即除自身以外的约数）的和（即因子函数）恰好等于它本身。
③ 吉田义男，日本著名棒球运动员，曾担任日本著名棒球队阪神队的教练。
④ 村山实，日本著名棒球运动员，后致力于阪急球队的创立并亲自担任教练。

小川：是呀。于是设定了博士只认识身穿完美数字号码球服的江夏这个情节。博士的记忆停止于江夏转队的那一年，从此以后，信息便不再更新。

河合：在为阪神虎之外的其他球队效力时，江夏都算不上"完美"吧。

小川：是啊。博士把掷出"完美"投球的江夏永远藏在心间。这才有了后面关于记忆的问题。

河合：啊，原来如此。

小川：起初特别在意这个80分钟的记忆桥段会不会露出什么破绽。但写着写着就不再拘泥于到底是80分钟，还是一整天了，都不那么重要了。说实话，到最后，小说中三个人的情感已经坚固到即便记忆只能停留80分钟，也丝毫不会受到任何影响的程度。

河合：的确如此啊。如果和残疾人走得足够近，就会忘记对方身体的缺陷。比如，你和一位腿脚不便的人成为挚友，在聊天时，是不会处处谨小慎微的，甚至可能会当着对方的面脱口而出"有一个人一只脚有残疾，如何如何了"，过后才缓过劲儿来，

"哎呀，忘了他也是残疾人了"。

小川：就是啊。所以小说中的三个人完全没有受到 80 分
　　　　钟的桎梏，最终体验到了幸福的一刻。

河合：幸福的一刻，已经不再是多少分钟的问题了，而
　　　　是会永远持续下去。虽然记忆无法留痕，但博士
　　　　仍然与根号君心心相通。在电影里，根号君最后
　　　　也成了一名教师。有一幕场景是学生对根号君说
　　　　"老师，谢谢您!"，看到这时，我特别感动。可能
　　　　是因为自己也当过老师，特别能理解那种心情。

小川：电影里面，最开始的时候学生干什么的都有，后
　　　　来渐渐被老师吸引过去。浪子回头的画面感十分
　　　　强烈。

河合：真的太感人了。说起来，当时还真的特别担心故
　　　　事的结局呢，居然想到了"接球"，这个收尾的构
　　　　思可真厉害!

小川：虽说最后博士离开了人世。但其实无意把结局设
　　　　定为博人眼泪的套路。他的弟子还在全力接球，
　　　　完全沉浸在幸福中。这就是刚才说的修复与被修
　　　　复的关系，博士投出的球，被对方稳稳地接住了。

河合：对！所以说接球的画面绝对是神来之笔。而且，球这个东西本身就是最完美的物体。

小川：是啊是啊，球还代表着"0"。

河合：没错！球代表"0"，同时球体也是"完美"的。其实接球的场景也经常会出现在我的梦里。比如说，再次接洽来访者时，我有时会问："都做什么梦了?"对方可能会说："梦到和先生一起玩接球。可您怎么都接不住。"他说的没错，就是我没接住。"是不是没能提供什么帮助?""嗯，也不算是，不算那么不好，但的确有效果。"人就是这样，自己的感受和体验会在梦里呈现出来。

小川：我们常说"接话"，看来还真有道理。

河合：是啊。说者有时投出的是速度球，有时是旋转球，有时也可能故意放水。打网球时的你来我往也是一样的。圆形物体的交互是梦里的常客。所以才觉得你最后那个接球的设定，真是妙笔生花。

小川：说起来真的是，有好多要素的聚合其实是无心插柳的随手一笔。

河合：好的作品就是这样。正是因为这些意料之外的精彩爆点的巧妙聚合，才构成一部优秀的作品。要是完全按照起初的设计去写，就一点都不好玩儿了。

小川：说得太对了。

河合：写随笔时，如果突发灵感，就一定要随手记下来。把这些突发奇想用有限的文字表达出来，特别有意思，令人身心愉悦。

小川：说来也怪，还总是能完美收尾呢。

河合：之前有人要我写一本600页的书，因为不太喜欢被处处安排，于是就说写599页，结果最后正正好好就是599页。这本书的名字叫《荣格心理学入门》[①]。

小川：这也算是天生反骨吧（笑）。按理说，写小说的时候，作者应该是全知全能的神，可以操控一切。但不得不说，时而会出现不受自己控制的因素。

河合：这也适用于投手。我们经常说"这球真漂亮"，而不说"自己投的球真漂亮"。

---

① 可参见［日］河合隼雄：《荣格心理学入门》，李静译，东方出版中心2020年版。

小川：是啊！我们还说"球出界了"，主语都是球啊。

河合：越是专业，越是这样。新手只会投出苦心训练的刻意弧线。

小川：他们只是依靠自己的能力把球投了出去。

河合：所以也不知道接下来会发生什么。

小川：当球传到接球手那里时，已经有很多东西超出了预期。

河合：接球手判断，然后思考，并计划下一步。

小川：接球手需要一直动脑。

河合：投球手也思考，但是完全不同。我和来访者之间也是一样的。之前预想需要接受十年心理咨询的病人，可能没过几次就大有起色了。

小川：是啊，总会有各种意想不到的事发生。说到心理咨询，其实也是来访者一方在寻找解决办法吧。

河合：是的。来访者自我察觉的过程很有意思。我需要做的，只是在场。

小川：但是倾听非常重要。先生能稳稳地接住来访者的话，并做出判断，这和优秀的接球手没什么区别。

永恒之抵达

河合：刚才谈到电影的结局。博士第一次见到保姆的时
候就问她的鞋是不是 24 码，这个细节很有深意。
数字其实既是沟通的桥梁，也是保护自己的工具。
比如，在日本文化厅供职的时候，不免会出现这
种情况：在与别人见面之前，我会考虑"因为身
为文化厅长官所以才能得到碰面的机会"，或者
"因为自己是文化厅长官所以最好少接触"，会适
时地调节彼此之间的距离。在博士那里，这个调
节工具，就是数字。

小川：博士没有任何头衔，他拥有的，只有数字。

河合：调节距离的方式本来就因人而异。譬如自闭症儿
童，聊着聊着，就会蹦出来"2 + 3 = 8"这样的
话。这时如果附和说"嗯！对"，对方就会很
生气。

小川：生气？

河合：是的。这就证明你根本没有认真听。你说"嗯！

对"就等于告诉对方"是几都无所谓"。这个时候就应该说"5!",告诉对方"答案是5!",这样你和对方之间就会瞬间形成一个界限,孩子也会意识到这个边界,明白"我是我,你是你"。

小川：对孩子来说,这样反而会更安心。

河合：对。可惜遇到这种情况,大多数人都不会选择果断地说出答案。要是换作孩子家长,估计会说："你说什么？再说一遍？那不等于 5 吗?"各种情绪就会接踵而至。这就会使孩子更加厌烦。

小川：好难啊。

河合：博士就是在用数字在调节这样的距离,用数字和别人建立连接。特别令人赞叹是那个友爱数①。这个我也得记下来,时不时用一下才行,和想要亲近的人用些小心思,画一个心什么的。

小川：哈哈哈。那估计所有女性都无法抵抗吧……

河合：哈哈哈,会神魂颠倒是吧？果然如此（笑）。所以

---

① 友爱数,也被称为相亲数或亲和数,是指两个正整数,一方的全部正约数（不包括它们本身）之和与另一方相等。古希腊的毕达哥拉斯在 320 年左右发现了第一对友爱数：220 和 284。

啊，我也得随身携带几块手表，"瞧瞧，我和你是友爱数哦"（笑）。不开玩笑了，不过数字真的是特别有意思。

小川：哈哈哈，为友爱数命名的那位数学家的诗意，或者说，丰沛的情感，实在让人竖大拇指。

河合：友爱数真的好神奇，一方的正约数之和居然与另一方相等。好想一探究竟啊。

小川：所有人都会为友爱数的神奇而感动吧。就像是被写在上帝的记事本上一样。

河合：在人类诞生之前，这些规则、秩序就已经存在，真是令人叹为观止。对了，写线段的那部分也有意思。

小川："真正的直线在哪里？在这里，只在这里。"说着，博士将手放到了自己的心口处。

河合：无限延长的直线和线段是一对一的关系。部分等于整体，这就是无限的定义。所以才特别喜欢这个情节。这说的其实就是人的心和身的关系。引一条线，从这到这就是一个人，如果从 1 到 2 是心，从 2 到 3 是身的话，那么他们之间就是无限的，也是无法区分的。

小川：啊！2.00000……

河合：如果将无法分割的东西一分为二，就会丢失一些最重要的东西，这个最重要的东西就是灵魂。这，就是我对灵魂的定义。

小川：用数学来解释，真的是一说就懂啊。

河合：有医生问，什么是灵魂，我的答案很简单，"把不可分割的东西分割开来，因此丧失的那部分，就是灵魂"。善恶亦是如此。所以，用灵魂的概念去思考问题，就会识破一切差异。残疾人与正常人、男人与女人，都不再会有如今之差别。

小川：灵魂，用文学解释，就会变得深奥莫测，但如果用数学来解释就会清晰明了。真的好神奇。

河合：但是在心理学领域，灵魂是大忌。

小川：哦，是嘛？

河合：会因为反科学而遭到批判。我 1965 年从瑞士留学回到日本。此后长达 15 年，在心理学会上压根都没提到过"灵魂"这个词。因为我非常清楚，一旦说了，自己希望表达的内容就会被置若罔闻。

直到 1980 年，感觉到周围的大环境似乎有所松动，才第一次谈及"灵魂"，当时还特意加上一句："今天想跟大家说点儿特别的话题。"

小川：之前听一位遗传学的老师提到，所谓的科学也有"白日科学"（day science）和"夜晚科学"（night science）之分。

河合：这个说法挺有意思。

小川：那位老师还提到最神奇的就是"午夜科学"（midnight science）。熄灯后，小酌一杯，让理性慢慢松弛下来，此时浮上心头的那一念，实在不容忽视。他也提到，这些在学会或上课时是绝对不能提的。

河合：所以说，有些东西是需要视时间和场合三思而后言的，但文学不一样，大可以想什么说什么。所以我第一次在心理学家面前谈及"灵魂"时，使用的就是儿童文学。因为儿童文学最能直击灵魂。说白了，就是根号君对博士说的那些话。

小川：不需要说常识，也不需要讲道理。

河合：博士也是一样。记忆本来就属常识范围，在故事中，记忆也渐渐消退了。

小川：摒弃一切，用真正的灵魂去活。

河合：不得不说小川你创作了一个了不起的人物形象。

小川：先生您也说过，建立一种彼此之间触及灵魂的人际关系时，最重要的就是共享彼此有限的生命，毕竟我们的共同命运就是注定会在某天告别这个世界。

河合：是的。我曾写过"慈悲之心的本质是对死亡的洞见"。若能认识到彼此终将死去，一切就会不同。可惜的是，大多数人都意识不到这一点。

小川：总以为只有自己希望活个 100 岁或 200 岁。

河合：是的。还有，我们很难想象特别亲近的人离我们而去，也就是在心里主观消融了死亡的可能性。

小川：你也会死，我也会死，如果能日日夜夜心有此念，就一定会相互尊重，接纳对方的缺点。

河合：对。如果从这个观点来看，其实 80 分钟和 80 年没有什么区别。

小川：那种让人体验到永恒的幸福瞬间，就是这样得以实现的。

河合：这一瞬间，便是永恒。

孩子的力量

河合：不只是博士和根号君这两个人有意思，书中的那位保姆也特别有趣。搞不好她会跟博士坠入爱河呢，虽然最后没有这段情节。

小川：是的。这正是她的聪慧之处。说起来，保姆这个工作也很重要。

河合：没错。想做好这个工作，尤其需要保持一定的距离。但有趣的是，在关键时刻，她会打破这一规则。

小川：是的，在必要的时候，她会。

河合：敢于在必要时刻打破这一规则的人，才是真正的专业人士。但后来她遭到了家政中介负责人的指责，被迫离开了博士家。那一幕也非常重要。它告诉我们，试图只靠灵魂生存的人注定会遭遇挫折。这正是生活的不易。

小川：她本人的确很痛苦。被解雇之后，她在别人家干活的时候，头脑中还是会想冰箱的制造编号是素数之类的事儿。

河合：这是在用数字和博士连接。

小川：这恰恰表达了数字的无限性承载着人类的无限性。

河合：对。还有那个小孩儿——根号君。在灵魂的世界里，孩子起到了连接的作用，真的是特别神奇的存在。

小川：孩子们经常充当着某种纽带的角色。

河合：确实，这是一条路径。但是，也正是由于孩子容易建立起连接，稍有扭曲，就可能作奸犯科。如果过于激进，开始朝负面发展，连接不畅，就可能导致发生类似最近见诸报端的一些犯罪事件。所以必须清醒地意识到潜藏在犯罪行为背后的现代社会问题。

小川：犯罪者自身无法用言语表达。

河合：我认为他们自己意识不到，但是能感觉哪里有些不对劲。

小川：好像是被魔鬼附身了一样。

河合：是的，一直能够感觉到不对劲，这么做是不对的。如果这种感觉得以表达出来，就不会犯罪。当然，也有些人是在犯罪之后才能明白这一点。

小川：箱庭疗法①，就是为了让这些无法言说的东西得以呈现，是吧。

河合：的确如此。让箱庭作品代替人来表达，表达那些内心深处的、无法用言语表达的部分。在美国，曾经有一个小孩遭受严重虐待，后来搬到另外一个地方，依旧未能摆脱身心备受摧残的厄运，最后他被送进少年院。大家都说这个孩子做什么都坚持不了 10 分钟，但他在接受箱庭治疗时，一做就是 30 分钟或 40 分钟，而且一气呵成。在箱庭

①〔原注〕通过箱庭这一工具，治疗师和来访者展开对话，以此治疗来访者身心方面遭遇的冲突。〔译注〕箱庭疗法，也叫沙盘游戏疗法，是以荣格分析心理学为基础，由多拉·卡尔夫创建发展的心理治疗方法。来访者在心理治疗师营造的"自由且受到保护的空间里"，运用各种各样的沙具在沙框中自由创作，而治疗师只是默默地陪伴与守望。治疗师与来访者共同经历沙盘创作的过程，用心感受完成后的作品，治疗师允许并接纳来访者内心一切的发生。河合隼雄是日本第一位荣格心理分析师，1965 年，河合先生将沙盘游戏从瑞士带到日本，他基于日本传统文化中原有的盆景结构（箱庭文化）易于被日本人接纳的思路，巧妙地将"沙盘游戏疗法"命名为"箱庭疗法"。感谢穆旭明博士为本条注释提供的专业信息。

作品里，呈现了一场又一场的故事，一遍又一遍地重复着。

小川：箱庭不是用作医生判断的依据，而是为了让来访者得以表达，是吗？

河合：对，制作箱庭作品心灵会得到治愈。

小川：行为本身就是一种治疗。

河合：有趣的是，结果会受到在场其他人的影响。如果对孩子说："你摆摆看。"大多数孩子就会马上动手。但如果用命令的口吻说："你摆一个箱庭作品！"他们就不会做。

小川：改变一下说法，结果完全不同。这太神奇了。

河合：你我的对话也是一样。并不是每个人都随心所欲地表达自己内心所想。精通箱庭疗法的人都非常了不起。他们只是站在制作沙盘作品的人身边，什么都不做，只是观察。即便如此，厉害的专家和普通的外行绝对不可同日而语。

小川：从某种意义上说，这也是一项考验人性的工作啊。

河合：因为关乎生命。在心理治疗现场，有些人就直接说："我要去死。"有些人说："我要杀了我爸！"

而且匕首都揣在怀里了。这个时候，咨询师说什么会直接影响治疗的进程。最难的是，根本不存在所谓的指导手册的东西，可以用来照本宣科。

小川：对博士来说，和数字玩就相当于在做沙盘作品吧。

河合：是的，完全一样。这个时候，会有人走进来，他能够理解你的世界。这个理解不是理性层面的，而是一种感受。大家都说，心理医生必须有共情力，没有这种感受力是绝对做不好心理咨询师的。

小川：先生您在荣格研究所留学时，也曾遇到过非常棒的老师，是这样吧。

河合：是啊，梅尔①先生，典型的无为而教。他总是不停地打哈欠，但一定会非常认真地倾听。

小川：记得听先生说过，当年您感慨"在瑞士没有交到真正的朋友"，梅尔老师听到后说了句"那从今天开始我就做你真正的朋友吧"。

河合：这件事让我特别感动。他能够超越年龄、立场和国籍，说出"从今天开始我们就是朋友了"，当时

---

① 卡尔·阿尔弗雷德·梅尔，瑞士荣格心理分析师，曾任苏黎世荣格研究所所长，河合先生在苏黎世留学期间，接受梅尔的荣格学派个人分析及专业督导。

的感觉可能和根号君有点类似吧（笑）。

笑话的功效

小川： 先生您倾听过那么多人的故事，对此，应该是绝对不会透露给任何人的是吧？

河合： 的确是这样。所以说，要倾听，但不能把听到的内容告诉任何人。要是没有这个心力，是做不了咨询师的。因为要绝口不提，才会总是插科打诨，毕竟玩笑说多少都不受限制（笑）。我和谷川俊太郎[①]关系很好，前一阵子一起喝酒，一顿胡说八道。一早起来我说："哎呀，谷川，对不起啊，我昨晚是不是十点就睡过去了？"谁知谷川抱怨："你糊涂了？你这家伙一直唠叨到凌晨两点多！"原来我是从十点开始就完全无意识了。

[①] 谷川俊太郎，日本当代著名诗人、剧作家、翻译家，其诗作语言简练、干净、纯粹，透出一种感性的东方智慧，在战后崛起的日本当代诗人当中独树一帜，被誉为"日本现代诗歌旗手"。

小川：他以为您的意思是说睡着了。

河合：我说："我怎么不记得了。"谷川作恍然大悟状："啊！我明白了。你昨天半夜十点以后就没再说过冷笑话，看来是喝醉了。"（笑）喝醉了就不会说冷笑话了。今天没喝醉，所以说了不少冷笑话。

小川：先生您以前也研究过民间故事和童话故事吧？

河合：是的。这些故事虽然纯属虚构，但在某种意义上来说，倒也是真的。

小川：也可以说是真理。是一些很久以前在某个地方存在过的真理。

河合：对。比如，白雪公主啦，山姥①啦，还有八岐大蛇②。

小川：啊！对了，河合先生，您还是"谎言俱乐部"的会长吧。我也想申请入会。

河合：欢迎欢迎！会费是每年 800 万日元。

小川：800 万日元?!

河合：对。而且还会举行年度大会。每年一次，4 月 1

---

① 山姥，居住在深山老林中的老妖怪，常出现在日本传说中。
② 八岐大蛇，日本神话中的怪物，一般被认为是某种强大的妖怪或祸神。

日。会员都会提前收到通知。4月1日那天大家相聚在一起，每人说一分钟的谎话，最出色的可以得到数万日元的奖金。如果你感兴趣且还去参加了，就会被除名。因为连这个谎言都信的话，就完全没有资格成为"谎言俱乐部"的一员嘛。所以，我至今还一次都没参加过年度大会呢。至于会费嘛，因为"嘘八百"①呀！

小川：哈哈哈。八百这个说法也很有意思。为什么会用八百这个词呢？

河合：8这个数字啊，在日语中本来就有"多"的含义。因为它是2的2倍的2倍。

小川：换句话说，8是表示无穷大的一个符号。

河合：对，比如说，"八百万"②"八百屋"③。那说到质数7，耳熟能详的就是"七不思议"④。

小川：质数让人感到有些不可思议，这似乎是全世界共

---

① 嘘八百，日语中的惯用语，即胡说八道之意。
② 八百万，表示数量极大。
③ 八百屋，日本的蔬菜店。
④ 七不思议，七大不可思议之事。日本经常列举出各地或各场景中七件最不可思议的事，将其称为"七不思议"。

通的。话说回来，"谎言俱乐部"会长这份工作还蛮轻松的，但文化厅长官的工作想必非常辛苦吧。

河合：不不，我最近还编了一个笑话——我带着下属们外出回来时，大家全都忘了带工作证。于是大门保安拦住我们说："没有证件，不能进入。"大家就说："啊，我们就在这里工作。""你们是做什么工作的?"保安问。"啊，我负责天然纪念物的……""那你可以进去了。你呢?""我管传统艺能的……""啊，好，请进。"大家就这样一个接一个地进去了。然后轮到我，我回答说："那个，我没有具体工作……"保安立马说："啊，那您是长官阁下吧。不好意思，快请进。"

小川：哈哈哈，太经典了。不过我觉得必须是有这种灵活性的人，才能成为核心人物引领文化事业的发展。

河合："只要长官好好的，不在家也很好呢。"① 我告诉你啊，这个俏皮话现在也被文化厅认定为非物质文

---

① 模仿日本俗语"亭主元気で留守がいい"，意为"只要老公能在外面好好赚钱，不在家也挺好"。

化遗产了。

小川：啊！已经获得认定了吗（笑）？

河合：对，被列为"荒诞无稽文化遗产"。虽然已经把欧
拉公式忘得一干二净了，但我打算收集各种笑话，
然后创造出属于自己的公式。

小川：好期待呀（笑）。感谢您的分享。

2005 年 12 月 15 日

于文化厅长官室

二

一生一故事

自命自书

小川： 写小说快二十年了，在接受采访时经常会被问到
　　　"为什么写小说?"。对此我一度十分苦恼，因为并
　　　不觉得自己从事的是一项特别的工作。

　　　人活一世，就不得不直面艰困的现实，有时现实
　　　世界令人难以接受，就需要把现实故事化并将其
　　　存储在记忆里，以符合自己的期待。这个过程想
　　　必每个人都在经历。创作小说，试图通过这一形
　　　式来塑造人物形象时，其实就是在提取此前积累
　　　的记忆，用语言和故事的形式重新对其加以构建。

　　　一直觉得，临床心理工作就是在帮助无法构建自

己故事的人，帮助他们实现这一过程。而一筹莫展、不知该怎么写下去的小说家，其实跟苦恼"该怎么活下去"的平常人并无不同。两者存在某种共通之处。先生您觉得呢？

在帮助他人构建故事这一方面，河合先生无疑是专家，您也一直在与创造故事打交道。而我作为一个创作者，也是在有意识地创造故事。所以今天想和先生您一起聊聊"故事"，这个话题一定会非常有趣。

河合：你刚刚提出的观点，和我的想法非常相似。本人非常重视所谓的"故事"。我也一直致力于提供让大家可以发现自己并活出自己故事的"场域"。因此，找我咨询的来访者一定也会从小说那里得到治愈，获得启发。但我想，那些没有经历过痛苦的人的作品，对来访者而言可能就没有什么吸引力。

小川：您之前提到过，会陪伴着来访者进入痛苦之中，而且陷得很深很深。其实小说家在创作时，也会跌入伸手不见五指的黑洞。

河合：感觉应该大同小异。只不过小说家进入心灵深处
后，最终会将自己捕捉到的东西用文字表达出来。
而我们是在倾听别人说话，并等待着他们自己创
造些什么。临床心理学家不站在创造的一边。

小说家和我从事的工作还有一点最大的不同在于，
是否"涉及现实的危险性"。在小说中，谁都可以
杀死父亲，但在现实中，如果来访者真的杀了自
己的父亲，可就不能容忍了。

小川：存在弑父的冲动，却不能任由其实现，这就是需
要故事的原因吧。

河合：说的对。所以就需要有人能够理解这个故事。做
到这一点是很难的。就像我时常举例说，"少年维
特"会死，但歌德常在。

小川：有道理。

河合：因为来访者很有可能走向自杀的道路。即便如此，
我也不会为对方创造故事，这一点与小说家做的
事情完全不同。而这一区别也是有趣之处。

小川：也就是说，先生您会陪伴那些可能会自杀的人，
由他们创造出自己的"少年维特"。

河合：比如，活着终究要比死了好、最好还是跟自己心爱的人结婚，这种所谓的常识，我们当然知道。即便如此，也绝不可以被这些所谓的常识束缚手脚。

小川：但应该会忍不住想要倾诉吧。

河合：已经习惯了。大多数时候我都是静静地听着，什么都不说。但如果有想说的话，我就会以自己的方式毫不犹豫地说出来。我也是一个长年接受专业训练的人。我能直接说出自己的想法，并不是因为这一点。准确地说，是基于我个人的判断，即"此时，应该是我说的时候了"。所以如果生气了，我也会发火。有时候还会爆粗口，会大喊"滚!"。

小川：来访者发怒的情况多吗？

河合：举不胜举。来访者生气了，我会尽力去消化。或者说，有的时候会隐忍，但有的时候会对骂回去。而这，就是决一胜负的时机。在这一方面，我认为心理咨询和运动竞技非常相似。

小川：完全没有可参照的剧本。

河合：是的。就算有剧本可以照做，也没有用。如果对方的策略更胜一筹，那我们就败了。因为在心理咨询的场景中什么都有可能发生，有时必须"决一死战"，而且是一对一的较量。我觉得，没有足够战斗精神的人，是无法胜任临床心理工作的。

比如，有人在离开咨询室前说"这是我最后一次跟你道别了"。考虑到具体情况，有时可以说"好吧，再见"。有时就必须说"再坐一会，多聊几句"。如果你说完"好吧，再见"，对方转身就去自杀了，肯定属于最典型的失败案例。同样是回答，方法千变万化。面对同种情况，很多外行人就只有一种回答方式——"可别自杀啊！"。橄榄球运动员平尾诚二[①]曾说，一流的选手往往会有很多选择，而且可以从中迅速选出最佳方法。但是，不入流的选手则认为只有接住球才是唯一正确的答案。他们不知道，有的时候，很有可能传球才

---

① 平尾诚二，日本橄榄球运动员，曾任日本橄榄球队教练。

是正解。

在这方面，心理咨询与体育运动其实是一回事。我虽然缺乏运动细胞，但特别喜欢观看赛事。

小川：同样是"请你再考虑一下"这句话，可能是选项之一，也可能是唯一选项，在听者那里，体会到的是完全不一样的感受。

河合：认为只有一个答案，除此别无他法，是最要不得的。然而，真的是说起来容易，做起来难。

发现偶然

小川：记得先生您曾写道，有的来访者在治疗过程中，会遇到一些很神奇的"巧合"。

河合：是啊。要是把这些写下来，就会有人觉得这实在是过于顺利了，至少不能写成小说。小说要是太符合常理，现代读者肯定接受不了。但一些来访者真的就是这样。打个比方，就有点像出门就捡到一亿日元的那种感觉。说起来，其实特别有意思。

和别人说起类似的治疗经验，大家的反应一般都是"顺利也可以理解，毕竟偶然无处不在"或者"能遇到这种偶然事件还是因为河合你厉害吧"。但其实我并没有做什么。

小川：先生您的意思是，这个"偶然"是来访者自己发现的吗？

河合：是因为有一个能够让偶然发生的"场域"存在。还有非常重要的一点就是，幸运者自己不是一个预先否定"偶然"的人，特别是在"偶然"即将发生的那一刻。就好比一个坚信路边不可能有东西的人，绝对不会看向路边，他只会目不斜视，大步向前。就算在前进的道路旁边摆上好多宝贝，这样的人也不可能捡得到。但相反，认为有这种可能性的人就会突遇惊喜。

小川：也就是说，是去"发现"已经存在的东西。

河合：对。所以想说的是，其实在我们身边有好多好多宝贝，只是你没有发现而已。

小川：写小说时，有时就会遇到彻底卡壳的空白状态。

如果在这种"真的一个字都憋不出来"的状态里继续思考，就会在意想不到的时刻，突然神游八表，就好像中微子进入了神冈探测器①一样。然后，瞬间地，头脑中的白纸上有了一抹颜色，渐而晕染开去。

河合：对。有点像结晶作用，瞬间成形。

小川：这个时候甚至都想不起来自己刚刚到底在冥思苦想什么。所以说，完成一部小说时，其实并没有多少"这个小说是自己写的"感觉。

河合：在这点上，咱们很像，我也完全没有来访者是被我治好的感觉。但的确没有几个人能治愈如此之多的来访者，这个我是有感觉的（笑）。虽然有这个自信，但说实话完全没有感觉到是我治愈了他们。

小川：在这个治愈的场域里，需要空气和水。先生您为来访者提供了这些必要的条件啊。

河合：在没有认识到这一点之前，我也会因为用力过猛

——————————
① 神冈探测器，全名为"超级神冈中微子探测试验"，日本东京大学在神冈矿山一个深达1 000米的废弃砷矿中建造的大型中微子探测器。

而身心俱疲。很多时候都是一心为对方好，结果过犹不及。但这也是必经之路，想要一开始便能像今天这样得心应手也不现实。拼了命地想要治好对方，或者瞻前顾后、踌躇不决，这些都是无法绕过的门槛。

记得年轻的时候，有次骑自行车去见一个不肯上学的孩子，当时心里想的就是：如果换作经验丰富的咨询界老手，其实去或不去都是一样的，但以我现在的资历，那是非去不可啊。

能否沉默

小川：一开始就做出最合适的选择并提供给对方，肯定很难吧，总会遇到一些无可奈何的迷茫时刻呀。治疗所需的关键线索，想必还是隐藏在和来访者的谈话之中吧。有没有那种完全不说话、始终沉默的人呢？

河合：有啊，当然有。有个有趣的现象，到访的初中生和高中生往往不是无话可说，而是无法表达。

小川：是没有付诸言辞的话语。

河合：对呀。成年人可以没话找话敷衍过去。要是觉得话头不太对劲，就可以说个"哎呀，外边阴天了"。无论如何，把场面圆过去。但初中生、高中生绝对不会这样。他们只想说自己内心最想说的事儿。但是，苦于找不到相应的词语。对青少年来说，内心的真正想法与能够使用的话语之间存在巨大的落差。我问："这怎么样？"对面回答说："不知道。"然后便开始沉默。"那你爸爸呢？""没什么特别的。"就没有下文了。他们不是在拒绝或敷衍，而是无从表达。

小川：想说但不知道该怎么说。

河合：是的。这个时候，如果用类似"你爸爸会不会这么说？"等具体的由头试图让他们开口，对方就会对你更加厌恶。

小川：有点像扔出诱饵。

河合：虽说是诱饵，但其实"父亲"本来就是一种超越言语的存在，他们就会想"都说我什么都不知道了，你还问"，然后就会非常生气，更加抵触。

小川：提问的人想要尝试去理解对方，就会忍不住说些
什么。

河合：的确，提问的人时常会编造故事。越是不专业的
人越会如此。比如，对方说："我已经三天没去学
校了。"没有经验的心理咨询师可能会应和称：
"才三天，那没多长时间啊。一定很快就能再去学
校啦。"但你怎么知道对方心里想的是不是"接下
来一百年我也不打算去"（笑）。

小川：也就是说，这个"一定很快就能再去学校"，其实
透露了咨询师自己期待的故事。

河合：人就是这样，只有理解一件事情之后才会安心。
比如，现在这个房间里的每样东西，我们都知道
具体是什么，所以坐在这才会感到安心。但是如
果提前设置机关，突然间从里面弹出来一个气球，
虽说可以照常交谈，但大家肯定会很在意这到底
是什么（笑）。不可理解的事情总会让人感到不
安，所以越是没经验的人，就越是想要尽快把眼
前的事弄清楚了，这样才能安心。

小川：啊，原来如此。

河合：把对方撂在一边，一门心思想要弄清楚自己希望理解的。然后随随便便来一句"能不能从你爸爸那里寻求帮助呢?"，来求助的孩子会觉察到，你和他并未生活在同一个世界，自然心里嘀咕，进而关闭心扉。到最后，你再来一句"你要加油啊!"，就这么草草了事。

小川：也就是说，只有咨询师一方完成了"理解"的过程。来访者反倒被冷落了，就好比咨询师陪着来访者一起潜入其内心的深井，却突然把对方一个人丢在黑暗中，自己中途离场了。

河合：是的，毫无前兆地中途离场。对了，有趣的经历还有很多。一次，来了一个大块头的高中生。我问："现在感觉怎么样?"对方只是低头沉默不语。后来因为我的一句"啊! 高一啊!"，就一下子走进了对方的世界。

小川：还加上一些肢体动作了吧。

河合：是的。一般来说，这种情况下对方都会说："嗯，高中生。"然后等对方说完，再接着对方的话继续发问。但是这个孩子怎么都不张嘴。这个时候，如果我问"你爸爸是做什么工作的?"，就会自此远离他的世界。我说:"啊! 高一啊!"孩子说:"嗯，高中生。"看似在对话，其实完全没有意义。虽说没什么营养，却可以让我继续停留在他的世界里。

小川: 这个时候，重要的不是交换有意义的信息，而是留在孩子的世界里，陪着他。

河合: 就这么一言不发地坐着，小时的咨询很快就结束了。但除非特别厉害的人，否则沉默一分钟其实都很困难。即便能一言不发，但如果这个时候三心二意，脑子里开始想着"中午吃碗油豆腐汤面吧"，是万万不行的。

小川: 来访者也能感受到吗?

河合: 绝对能感觉到。如果是全情投入，不说话，只是沉默，那你怎么沉默都行。但如果沉默不语的时候感到了厌烦，或者已经意识到自己走神了，就得说点什么。因为一旦张口说话，专注力自然就会回来。我就是在这个时候说了那句"啊! 高一啊!",因此没有离开对方的世界。一般情况下,对方会接上这个话茬,比如,他要是说"嗯,目前算是吧",就算比较成功了。

小川:就因为这一句话。

河合:就因为这一句话。这个时候,一般对方会做出"好蠢"之类的回应,但那个孩子并没有这么说。五十分钟过去了,我心里嘀咕:"完了,这回遇见高手了。"然后我问他:"今天没怎么聊,下周还来吗?"他笑着说:"嗯!"我心想:"什么?他下周居然还会来!"过几天他母亲给我打来电话,说这个孩子从来都是阴沉着脸,今天回来时居然露出了笑脸。这位母亲说孩子表示"没有人比老师更了解高中生"。厉害吧!这句话其实也是他不知如何表达的一种表现。其实我完全不了解他。准确地说,他想说的是"没有人比河合先生更尊重高中生的感受"。尊重来访者,没有自我添加的成分,也没有打破边界的询问,只是在那里,全身心地陪伴着,而这些,来访者都能感受到。

制作沙盘

小川：如果对方实在无话可说，您就会使用"箱庭疗法"，是这样吗？

河合：对。有一次来了一个初中生，这孩子基本上没怎么说话，后来看他做沙盘，觉得他太了不起了。着实让人大吃一惊，而且特别感动。

小川：心理治疗师感受沙盘作品，也有使人感动和使人无聊的区别吗？

河合：当然有。普通人带着半开玩笑的心态摆出来的沙盘是最无聊的。换句话说，最会糊弄的就是普通人。反过来，遇到问题的人，恰恰最认真。就算沙盘呈现的是昨天看过的电影中的一幕，属于你自己内心深处的某些部分也还是会完完全全地呈现出来。所以，在刚开始引入箱庭疗法时，我就要求其他治疗师"不要做解释，只要关注制作过程，感受沙盘作品就好"。

小川：治疗师不要做解释。

河合：以前看过一个箱庭治疗的幻灯片。怎么看都没有发现问题，后来才知道，原来是某人的朋友半开玩笑做出来的。

小川：能如此直观地呈现出来？这么说，语言作为工具反而受限啊。

河合：全都能呈现出来，甚至精准到恐怖的地步。一般来说，语言是可以骗人的。见到一个无比厌恶的人，嘴上还是可以说"很高兴见到你"。但脸上的表情一般会出卖你（笑）。有的时候嘴上说"啊，不用不用"，手已经伸出去了（笑）。一样的道理，沙盘作品呈现出来的东西要比语言真实得多。但许多正常人总是半真半假地糊弄着去做，参加工作后大家不都是这样嘛，不对付的话就没法在社会上生存。

小川：人们需要用一套周密的理论或道德观念来保护自己。

河合：也就是戴着人格面具去活。但即便是普通人，有时也会在做沙盘时露出马脚，之前就有人建议我尝试给像小川你这样的作家做沙盘。

小川：很好奇结果会怎么样，如果给作家做了的话。

河合：我当时就果断回绝了。如果是彼此私交甚好，又真的想做，还是会有不错的效果。但如果只是出版社提出的建议，那就完全没有意义了。

有个事特别有趣。画家安野光雅①有一次来找我，说特别想看看沙盘游戏是怎么回事。我当时就想，安野先生要是做了沙盘那还得了，于是就跟他说："您可千万别做啊！"他一边说："我不做，我不做。"另一边，手已经开始在摸沙子了。我一看就知道他已经进入沙盘表达的世界里了。我心想："哎呀，看来已经开始了。"他一会儿摸摸沙子，一会儿拿起来一小撮，一副完全沉浸其中的样子。虽然并没有真做，但其实他已经进入沙盘游戏的世界。就这样，足足有二十多分钟。我心想："好厉害啊！"正在那发愁接下来该怎么办呢，好在安野自己回过神来了，没有再做下去。

小川：沙盘游戏的沙框里，是铺着沙子吗？

---

① 安野光雅，日本画家、绘本作家、随笔作家。

河合：对，是沙子。做一次就知道了。触碰到沙子的那一刻，心一下子就打开了。童年的记忆也会浮现出来。然后你可以在那上面做任何东西。

小川：说起来，玩沙子对孩子来说也是非常重要的经历吧。

河合：是啊，非常重要。因为你给原本无形的东西赋予了形状，这就相当于在创造天地。在一次国际心理学会议上，我曾经做了关于世界各地"开天辟地"的故事和箱庭疗法的演讲，还给大家展示了各种各样的沙盘作品。当我们把沙框里的沙子挪开，底部会呈现出天蓝色。你可以发挥想象，比如，有水从蓝色的底部涌现出来，你也可以把蓝色的边框看作天空。那样的话，边框与沙子之间自然形成了"天与地"的分界线。这样想来，制作沙盘游戏的过程，其实就是在"开天辟地"啊。

小川：也就是在创造神话啊。

河合：对。可以说是在创造这个人自己的故事。

有一次来访者做沙盘，特别受触动。当时有一位情况非常严重的来访者，可以说他遭遇的问题已经超出了我的能力范围。当时就感觉真的无能为力，实在不知如何是好。就在我黔驴技穷之时，忽然急中生智："要不要试试沙盘游戏？"没想到对方做的作品太有感觉了。我心想："这回有救了！"不由得喜上眉梢。一周后再见到他时，我又问："今天要不要再做一次沙盘？""可以！"他答道，然后还加了一句："老师，你上周看我做沙盘的时候，是不是就觉得我这回有救了？"

小川：好可怕。

河合：不得了吧！那之后他还说："我来不是为了治病。"

小川：太厉害了，感觉不是一个层次的人啊。

河合：至少比我要高一个层次（笑）。然后我问他："那为什么来这里？"他回答说："我就是为了来这里而来这里。"

小川：有点宗教的意味。

河合：是啊。真的很了不起。那时特别震撼。

小川：这么说来，心理咨询师是不是也会因为陪伴来访者而走得越来越远？

河合：不仅如此，我们还经常被来访者打磨。就像作家在写作过程中会不断成长一样。给我们最大历练的，就是来访者。

小川：心理咨询师并不是高高在上、居高临下将来访者向上拽，对吧？

河合：完全没有向上拽别人的感觉。被淬炼、被教诲，再被淬炼、再被教诲，如此这般，千锤百炼。这才更像是事情的原委。每个人都是独一无二的，不会有完全相同的两个人来做咨询，所以没有可以借鉴的先例。

小川：就像体育比赛一样，每一场面对的局势都不一样。

河合：的确。但是会有显著的强弱之分。虽然情况一般会和我的想法吻合，但也会有各种突发情况发生。有时还会遇到形形色色的另类的人，比如，刚刚提到的那位，"我来不是为了治病"这句话说得精妙绝伦。

小川："我就是为了来这里而来这里。"

河合：是啊。

原罪之源

小川：人们总是试图重新构建无法接受的现实，使之符合自己的心理预期，这个我非常理解。例如，地铁沙林事件①的幸存者，或者在尼崎列车脱轨事故②中活下来的乘客，抑或从奥斯威辛集中营生还的幸运儿，大多都怀有一种负罪感。

河合：是的，这样的人的确不少。

小川：其他人都死了，唯独自己活了下来。为什么自己没有死？幸存者会陷入痛苦的思考。尽管这些事件中都存在真正应该受到谴责的对象，比如，奥姆真理教、JR 西日本、纳粹德国，但这些人还是会自责。人总是倾向于将现实转变成一种伤害自己的故事来加以接纳，真的是件很奇怪的事情。

---

① 地铁沙林事件，1995 年 3 月 20 日本东京地铁发生的恐怖袭击事件。发动恐怖袭击的奥姆真理教组织人员在东京地铁车厢内放沙林毒气，造成 13 人死亡及 5 510 余人受伤。
② 尼崎列车脱轨事故，2005 年 4 月 25 日发生在日本兵库县尼崎市的电车出轨事故。

河合：自己并未作恶，却生来有罪，这其实也是基督教的根本思想。

小川：活着本身就是罪。

河合：对。所谓"原罪"就是这个意思。出生在这个世界就意味着犯了罪。因此，有人会因为一些小事感到内疚，这其实并不奇怪，正是这种文化支撑着他们的人生。我们有时会陪伴着来访者在他们选择的这条路上走下去。

小川：而不是对他们说"你其实没有罪啊"。

河合：对，绝对不能这样。更不会说"有罪的应该是 JR 西日本公司"。如果对方说"我为什么如此罪孽深重？"，你能做的也只是说"嗯"。通过深入探寻这一问题，让对方的人生故事逐渐呈现出来。

小川：以罪恶感为根，结出了果实。

河合：是的。必须陪伴他到长出果实。

小川：有的母亲失去了孩子，可能是因为疾病或事故，完全跟自己没有关系，但她们也会在余生感到极大的自责。

河合：确实如此。但如果一直背负着重担痛苦前行，其实也没有任何意义。要做的是将这个负担变成支撑我们生活的基石。

小川：不是将这个重担举过头顶，而是将其转化为在脚底支撑我们前行的基石。

河合：我们得一直陪伴着他们。知道存在一种以原罪为基石的宗教，是非常重要的。因此，需要不断学习。还有就是，要知道不管多么严重的事情，总会在某个故事中找到它的原型。

小川：先生您曾在书中写过，神话、寓言和传说故事其实凝结了现代人所有的烦恼。

河合：是的。所以经常会有灰姑娘啦、白雪公主啦，来到我的咨询室。

小川：人类似乎一直在经历着相同的烦恼。

河合：但每个人的个性不同，所以烦恼也千差万别。

小川：生而为人，故事就随之诞生了，是吗？

河合：口头物语变成文字故事，大约发生在一万年前。但非语言形式的故事，历史可就长了。人类获得语言后，就一直在创造神话故事。

小川：沙盘作品也是在语言发展的前提下，随之创造出来的成果吧。

河合：是的。实际上，没有哪个部族是没有神话的。

小川：这也变相证明了大自然的威力和神秘吧。

河合：要想在那样的环境中生存下去，就必须创造故事。

小川：比如，古希腊人创造了一个美妙的故事，说太阳神是乘坐驷马战车迎面奔来的英雄。相比于太阳在几亿公里外、直径是多少米之类的现实，人们更容易接受它是坐在驷马战车上的英雄这种说法。而且，在世界文学史上，最早把故事文字化的，就是日本吧。这也是非常值得骄傲的事啊。

河合：是《源氏物语》吧？

小川：嗯。

源氏物语

河合：《源氏物语》是人创作的故事吧。我始终认为，在一神教中，神的权威太强大了，所以人始终生活在神创造的故事之中。

小川：也就是说，人在这个世界上的故事，都是由神事先写好的。

河合：没错。人怎么能写故事呢。若是基督教，书写的故事就是《圣经》。除此之外谁都不能创作故事。在早期的修道院，修女们把自己做过的有意思的梦记录下来写成故事，但是这些后来都被销毁了。以当时的观点来看，这就是亵神。有一次，和一个美国人聊天，他的话让我特别认同。他问我："你对'commitment'这个词怎么理解？"我说："commit 某某事，一般说的都是积极的事情，比如，我致力于心理治疗。"然后他说："那你用'commit'这个动词组一个词。"我尝试了一下，但想出来的都是消极含义的词组，比如，"commit suicide"（自杀）、"commit a sin"（犯罪）。他说这是因为人不能自己积极地去承担某事。他们必须按照上帝的旨意生活。而"commitment"这个词的褒义性是近代以后才出现的。在一神教国家，因为存在强大的神，人们不能自己创作故事。但是在日本这样的多神教社会，情况就完全不同，所以才会创造出如此之多的故事。由谁去写，要写多少，都无所谓。

小川： 对啊，而且《源氏物语》还是女性写的。

河合： 我倒觉得正是因为女性才写出了《源氏物语》。之所以这么说，是因为每个时代，都有那个时代的标准化物语，而那些故事都是为男性而写的。紫式部写《源氏物语》时，标准化的男性故事就是出人头地。特别是在宫廷政治中，每个人最关心的都是如何加官进爵。他们就是按照这样的剧本来生活的。所有男人都是这样，所以他们也无需自己去创造故事。身份较高的女性，也是有标准化的剧本可循的。她们想着自己如何进入宫廷，获得天皇的宠幸，然后生下男丁，如果这个孩子成为下一任天皇，自己就能母凭子贵，成为天皇的母亲。这就是她们的故事。但紫式部不同，她摆脱了前面提到的标准剧本，而且还不用为生活所迫。她拥有一定的财力，这点非常重要。当然，平假名的存在也是一个关键点，因为当时男人写文章用的都是汉文。我认为，日本的第一部物语就是在这些条件综合之下诞生的。

小川：说到汉文，是像公文档案上写的那样吗？

河合：是的。男人写的文章大多类似于"某某人入宫朝见。天皇身体安康"。内容都是固定的。这些内容都要用汉文写出来。但是，如果想要表达情感，就需要用日常生活中使用的和语。因此出现了平假名。正是在这些条件全部具备的时间点上，紫式部应运而生。那个时候，精通文笔的女性作家不乏其人，如清少纳言和菅原孝标女等。据说她们的作品连当时的男性也看得津津有味。

小川：记得先生您曾经说过，在《源氏物语》出现之前，关于人的去世，只有用汉文写的类似"某某人死去"这样的记录，而《源氏物语》首次描写了人如何死去以及大家对此的感受。我恍然大悟。是因为有了平假名，女性能够表达自己的内心，才会出现这样的变化。

河合：拿到全世界去看，《源氏物语》也是令人自豪的作品。在西方，直到 14 世纪才出现敢于和基督教唱反调的作家。薄伽丘主张人也能创作故事，不一定非得上帝才行。这种反抗精神，也成为西方故事创作的起点。

小川：在《源氏物语》中，随着故事的发展，光源氏的存在感逐渐减弱、变小，最后，这个人物反而成为衬托女性的一个角色，一个穿针引线的角色。

河合：他成了一个"光"源体。

小川：明白了。这束光不是照在他自己身上，而是照在女性身上。

河合：是的。在我看来啊，所有女性都是紫式部的分身。而光源氏就是光源体。说起来他真是光鲜照人，外形俊朗、擅长写作、精通绘画。要想描绘出分身们的美好之处，就必须得是拥有所有这些美好的集合体才行。这样的男性在现实生活中是不存在的，但作为光源体堪称完美。话说回来，《源氏物语》里的女性塑造真是太经典了。

惜命乐独

小川：《源氏物语》还可被解读为一个不断讲述失恋、出家、失恋、出家的故事。出家在那个时代还是很常见的。另外，死亡的世界与日常的生活也非常接近，是那种仅隔着一层窗户纸的感觉。

河合：或者说，死后的世界更重要。需要做好万全准备然后出发。仔细想来，死后的时间的确比活着的时间长得多啊。但是，心里想出家，实际并不容易做到，因为在这个世界上还有很多牵绊。这个牵绊（ほだし）也就是现在所说的羁绊（きずな）。今天我们常说的"母子间的羁绊"中的"羁绊"是具有积极含义的，以前却是消极的意义。此前写过一段文字，提到了这个问题。现在的年轻人因为和母亲之间的羁绊不够彻底，很难走出家门。在以前，则是因此无法出家。但归根结底，人还是要在某个时间点离开家庭。而当时的"出家"，指彻底离开俗世之家，是一件相当了不起的事。

小川：就是终极的离家出走啊。

河合：没错。所以，"出家"在某种意义上就是"离家出走"。这种情况下使用"绊"这个汉字也挺有意思。只有切断这个"羁绊"才叫"出家"，如果没有这个前提，离家出走就没有任何意义。现在的年轻人因为缺乏这种"羁绊"，所以也就没有所谓的"出家"可言。他们甚至不知道自己该做什么。可以认为"啃老族"就是这种人。

小川：原来如此。

河合：如果被束缚肯定想要逃离。但如果终日茫然不知所措，那就不会去主动改变。

小川：的确是这样。只要去便利店就可以填饱肚子，打开电脑就能找到乐子。

河合：也就是说，他们没有被坚固的栅栏紧紧束缚，以及凭借自己的力量破栏而出的经历。也就是没有过张弛变化。因为什么都没有，所以会很难。

小川：可不可以理解为"人为何会死？""死后的世界什么样？"，类似的恐惧催生了故事的创作呢？

河合：绝对是这样的。

小川：这个追问，从古至今，从未变过。

河合：在过去，死亡是人生中最大的事儿。就像刚才说的，死后的时间比活着的时间要多得多啊，因此大多数故事也是聚焦死后的世界。然而，最近的调子变成了"活在当下，及时行乐"。这也算是一个好的转变，但是如果过于专注活着的这段时空，而忘记了死亡，就会产生很多问题。因为生与死是缺一不可的关系。

小川：如今，男女之间的情爱也变得稀松平常。但在《源氏物语》的时代，怀孕、分娩都是要在鬼门关走一遭的大事，带有绝对的紧张感。

河合：没错。虽然只是推测，但在那个时代，男女之间发生肉体关系是伴随恐惧感的，那也是与死亡贴近的一种表现。

小川：死亡与性欲，绝非只是在概念上相关，在现实问题中，两者也算是唇齿相依的关系。

河合：黑暗中，男方突然潜入女方闺房，两人发生了关系。我猜想在当时的女性看来，这与死亡的体验极其相近，抑或说两个人共同经历了死亡。而双方心灵融合的起点就在这里。我在美国和欧洲也经常谈及《源氏物语》和日本的其他物语。我曾提到，在日本的平安时代，谈到男女关系，通常是男方先看一下女方的相貌，然后了解一下对方的家世背景，之后就会突然潜入女性闺房欲行周公之礼。这种情况下，女方最多只记得对方身上的味道或细微的动作。

小川：比如，罗衫轻解的声音。

河合：你猜美国的女性听众怎么说？她们一致认为"简直太美妙了"。

小川：也许是因为她们向往这种云深不知处的感觉吧。

河合：美国女性的经历与此完全不同。她们会根据男人的长相、财富、社会地位等条件来选择伴侣，所以往往忽视对方的内在品格。非常有意思吧。

小川：有意思。比起感受，他们更注重理性。

河合：是的。这样反而导致男女之间的爱情遗失殆尽。本来是想作为一个负面事例给他们讲这个故事，没想到他们听后的反应竟然是"太让人羡慕了！"。

这样说来，现代的日本人，真的是放弃了对生活趣味的追求。大家自认为是在理性地思考、判断和选择，但其实索然无味。

小川：关键是大家全都判断失误啊（笑）。

河合：是吧！所以说，像过去那样果断决定反而更有趣（笑）。

小川：这么说来，相亲之类的制度其实也不是完全没有道理嘛。

河合：的确挺有意思。曾经有人来找我做咨询，他就是在三男三女的相亲活动中找到了自己的伴侣，没想到匹配成功的这三对都非常合适。

所谓"合适"，很有可能第一印象并不算好，比如，性格完全相反、兴趣爱好南辕北辙，总之是那些看起来不太适合而后走进婚姻的两个人。但事实上，这样反而会比较合适。从个人成长的角度来看，他选择了一个不错的对象。

小川：太过执着于"自我"，就会走入死胡同。

河合：是的。这个"自我"实际上拥有无限的可能性，但有些人只在自己的认知范围内执着于"自我"。

比如说，他们会认为"我是这个类型的人，所以我是这样的"或者"我就是想要那个"。其实"自我"绝非如此简单，但人们往往基于自己的认知，在有限的范围内尝试理性思考，结果自然是一团糟。因为前提就搞错了呀（笑）。

小川：或者说缺乏在大情境中了解自我的能力。

河合：对。将"个体"置于大环境中去考虑问题，这非常重要。

小川：日本人似乎生来就欠缺这种能力。

河合：是的。所以接下来针对这个问题深入探讨一下。也就是说，宏大背景之下的个人主义。现代日本人奉行的所谓"个人主义"，非常狭隘，或者说，过于狭隘。

小川：现在一些自称"灵性心理咨询师"的人特别受欢迎。只需要看你一眼，他们就能说出你的前世，会从过去解读你的现在，甚至宣称"你的前世是什么样的人，而你现在面临的苦恼都是前世的孽障"。来咨询的人听了这些之后就会表示认同，或是比较安心。所以现在这些人火到不行。

河合：这是因为现代人过于执着小我，从而导致进退失据，而那些能够打破这种限制的人就会比较受欢迎。但是，如果所用的方式不对，就会面临很大的风险。但是，即使听到了这样的话，有些人也只是报以一句"是吗?"，并不会完全接受。并不是所有人都会相信，相信的人也不是全部相信。我倒是觉得如果可以接受，倒也无妨。

小川：比如，像奥姆真理教教主那样极端的家伙，也还是会有人对其顶礼膜拜。因为对自己只是不断发展变化的大环境中的不确定分子这个事实完全不耐受，所以只要能让自己获得确定感，无论是什么，都会全盘接受。

河合：这个时候，如果有人站出来做决定，其他人就会跟随。但在咨询过程中，我完全不做任何解释，而是让对方自己去创造故事，所以坐在我对面的人也会很辛苦。因为他们必须自己去工作——创造自己的故事。

原罪原悲

小川：在咨询时，来访者和治疗师分别坐在什么位置啊？

河合：不一定。一般来说，是面对面坐着。

小川：就像咱们现在这样，中间大概留出放个小桌子的
距离？

河合：对，大体如此。如果来访者是中学生，我们可能
会坐得近些，这样可以感受到彼此的温度。距离
有时近一些，有时远一些，咨询还有可能在散步
中进行。

小川：哦，还可以一边散步一边做咨询。之前去维也纳
时参观过弗洛伊德博物馆，就是弗洛伊德的故居，
也是他的诊所，现在那里还保留着他当时用过的
沙发。

河合：弗洛伊德是让来访者躺在沙发上，自己则坐在来
访者的头部后方。

小川：沙发上的毯子让人一看就能联想到当时的情景。
特别令我惊讶的是，房间好暗啊。虽然有窗户，

但光线还是很暗，给人一种密闭的感觉。

河合：是的，室内一般比较昏暗，不会弄得非常明亮。

小川：我对座位的安排非常感兴趣，这也是由于我个人家庭环境的缘故。我的父母和祖父母都是金光教①信徒，祖父以前还做过金光教的神职人员。依照金光教，教师和信徒坐的位置是有严格规定的。房间里如果有祭坛，我的祖父会坐在它前面，面向九十度方向坐着。信徒们环绕着祖父而坐。据说这么坐是因为祖父能用自己的一只耳朵听神的声音，用另外一只耳朵听信徒的声音，起到了桥梁的作用。

河合：有意思。

小川：因为从小就在这样的环境中长大，所以金光教的教义已经成了我的一部分。金光教的要旨就是在神和人之间建立一种关系，而这种关系尚未建立。金光教徒称神为"亲神"，即"神是父母"的意思。信徒是孩子，在亲神和信徒之间建立的母子

---

① 金光教，日本神道教的教派之一，德川末期明治初期由川手文治郎创立，现在民间仍有影响。

关系，就叫作"信心"。神作为父母，看到自己的信徒受苦，感到心痛。在金光教中，没有被拯救的其实是神本身。所以信徒为了拯救神而去建立"信心"。

河合：原来是这样啊，真的令人感叹。

小川：这与基督教和犹太教等西欧一神教是完全不同的概念。

金光教思想的终极理念就是"死也无妨"。因为死亡也是神安排的一部分，所以没有什么可怕的，一切都按照神的安排自然发生，臣服就好。这算是一个相当消极的宗教，所以也就不存在所谓的"必须这样做""不这样做就不会被救赎"或"绝对不可以那样做"之类的说法。教会的参拜，也是你想去就去，不想去就可以不去。

河合：但是，还是很强调尊重父母，对吧？

小川：是的，没错。因为如果有虐待父母之类的行为，神会伤心。

河合：但这并不是神的命令，而是为了不让神伤心。这一点让我最为触动。之前提到的基督教的根本在于"原罪"，但日本的许多宗教都根植于"悲愿"。

小川：对，更注重情绪和情感上的体验。

河合：所以常使用"原悲"一词对应"原罪"的说法。日本文化并不源自原罪，而是生发于原悲。金光教就体现了这一点，很有意思。

小川：日语中的"悲伤"（悲しい）一词有很多含义。

河合："悲伤""哀伤""可怜""美"，都可用"悲しい"一词表达。

小川：在基督教和犹太教中，存在一个至高的上帝，所有人都背负着原罪，人与上帝都对彼此的关系十分明了。

河合：如果没有类似宗教作背景，就不会出现自然科学和个人主义。日本人与大自然的连接过于深厚，所以很难进行"客观观察"。

小川：佛教也是如此吧。

河合：对。但是在西欧的宗教中，神与人泾渭分明。在形态上，人是按照神的形象创造的，因此人与神创造的其他事物之间也存在着明显差异，由此就产生了一条明确的界限，因此才会产生"我，观察花"或"我，观察掉落的石头"这样的观察者与被观察者之间的明确界限，现代科学也由此诞生。日语中有"观"这个汉字，向外看，向内看，都可称之为"观"。"内观"（観ずれば）一词，就是关照自己的内在。但英语则不同，"observe"一词只能表示观察外在事物，这种态度似乎也只有在基督教中能看到。

小川：极具客观性。

河合：是的，这一点非常成功，基督教世界之所以引领20世纪文明的发展其实也得益于此。

小川：在日本，熊有时也会被视为神。动物有可能被看作神，甚至在尘埃中也可见佛心。对这种混沌的状态，日本人接受起来毫不费力。

河合：正因为全然接受，所以日本人对于生死界限的意识也比较模糊。比如说，他们会认为去世的人也会在盂兰盆节①回魂。

---

① 盂兰盆节，日本重要的民间节日，每年8月13日至15日举行，其隆重和热闹程度不亚于新年。

一神之教

小川：《源氏物语》中会经常出现各种怪物。

河合：对。但这些怪物并没有实体。如果用现代的视角去解读，可以说这些都是看见这些怪物的人内心的一种投射。无论是夕颜，还是源氏，他们心中都有怪物，而内心的这些怪物在作品里以实体的形式显现出来。

小川：怪物也相当于死亡之路上的先行探路者。看到小说里他们的生活状态，真的感觉好像稍不留神就可能被死神带走。

河合：现在不存在这种情况了，取而代之的是频发的大规模杀人事件。过去，成百上千人一起死去，只可能是因为天崩地裂。即便是战争，死者也算不上很多，只有战败者被抓到后才会被杀。

小川：但以前会出现一对一决斗后的死亡。

河合：现在，一个人一次性就能杀死很多很多人。如果是用飞机的话，一次会杀死上百人。

小川：在一次事件中很多人同时罹难，对此我真的无法释怀。虽然说不清原因，但就是想去那些人的死难地走一走看一看，因此我还专门去过奥斯维辛。去年（2005 年）夏天正好是御巢鹰山日航飞机事故[①]20 周年，书店里还卖过相关的纪实文学，其中收录了当年《朝日新闻》对空难事故的相关报道。在那本书的卷末，记有所有乘客的姓名、年龄、住址和乘机目的地，每个人的信息各占一行。换成现在，想必会因为《个人信息保护法》等原因无法刊登出来。只是这些信息，就已经够我读上一整天了。

河合：啊，是嘛！

小川：个人信息里没有任何感情。比如，"某地某人（四十余岁）、公司职员、出差东京返程途中"。

河合：但其中每一行字，都是一个人生故事。

小川：是的。所以当时有一种读了好几本书的感觉。

河合：每行文字都是死者此前的人生记事。死去的 520 余

---

① 御巢鹰山日航飞机事故，1985 年 8 月 12 日日本航空 123 号航班因维护不当导致机械失效，于御巢鹰山坠毁。

人，他们的故事有着共同的终点，一起失去了生命。以前不会有这样的事发生。要说为什么最近会频发，我想就是因为神让计算机登场的缘故吧。

小川：神也在允许技术进步啊。

河合：嗯。只能这么理解了。

小川：飞机上还有一名小学生，是个男孩。因为想在暑假去甲子园①看清原队和桑田队的比赛，妈妈同意了他一个人乘机前往。

河合：听着太难受了。

小川：一行一行读下来，让人完全无法释怀。感觉自己在不停地被追问写小说的意义何在。在奥斯维辛，我也看到了有关死者的详细记录。在杀害他们之前，还认认真真地留下了每一个人的记录，简直是丧心病狂啊。每个人身上都被刺上编码，还被拍了正面、正侧面和斜侧面三张照片。那些照片上面写有他们的名字，被贴在房间里。当时一张

---

① 甲子园，日本高中棒球联赛的俗称，是日本高中棒球队的普遍向往，进入甲子园就意味着打进全国决赛。文中提到的清原队和桑田队是 20 世纪 80 年代的两支强队。

一张地看下去，想到自己居然生活在如此恐怖的现实世界，不禁毛骨悚然。同时也下定决心：必须写小说，才能活下去。

河合：是嘛！

小川：施刑者也有自己的故事。一位纳粹高官，名叫艾希曼①，看了死者的记录后，仍未认识到自己罪孽深重，毫无忏悔之意。他认为自己只是服从命令并完成工作，仅此而已。他给自己的小儿子起了个外号叫"小兔子"，而且他很疼爱"小兔子"。当有人对他说："你自己也有疼爱的儿子，却亲手杀死了和'小兔子'一样可爱的孩子。"他的回答是："因为他们是犹太人，这也是没办法的事儿。"此话虽然毫无逻辑，却是他心中的一道壁垒。或许对他来说，当场痛哭，后悔万分，心生忏悲，要更加痛苦。

河合：如果痛哭流涕，就失去了自己的人格。但是日本

---

① 阿道夫·艾希曼，纳粹德国高官，也是在犹太人大屠杀中执行"最终方案"的主要负责者，被称为"死刑执行者"。1961 年因反人类罪等 15 宗罪名被一并起诉，于 1962 年 6 月 1 日被处以绞刑，其在法庭上的辩词引发了人们长达数十年的讨论。

人不同，怎么哭都不影响人格的有无。这也是欧美人和日本人之间的巨大差异。

小川：这是因为日本人意志坚强吗？

河合：不，准确地说，是因为日本就是这样的一种文化。这点有必要深入思考一下。刚刚提到人格，就想起之前我在美国普林斯顿大学给学生看了一个日本电影，当时还举办过一次座谈会，询问了与会者的感想。在给学生观看的非商业电影中，有男女亲密缠绵的画面。一些女学生反应激烈。她们非常生气地抗议道："日本人制作的电影里可以有这么色情的画面吗？""或许是有些色情画面，但在艺术作品中是被允许的。"我回应道。她们又说："这种怎么可能在允许范围之内？日本人会全家人一起去看这种电影？"说到这，我也有了情绪，回了句："话说回来，你去普林斯顿周边的小镇，不是也能看到很多色情片吗？"然后对方说："我们绝对不会去看。只有那些认为这些可以看的家伙才会毫无顾忌。"后来和学生一起去喝酒，酒酣耳热之后，我对她们说："很佩服你们严谨的伦理观，但是你们在普林斯顿或许不看，如果是在东京或者巴黎，多少都会看一些吧?"学生们听后都表示不明白我想要表达什么。

小川：她们说了不看，就不会看吗?

河合：之后的话让我更震撼。她们说："我们生活在不看那种电影的人生观之下，所以无论是东京还是巴黎都没有差别，如果看了，我们的人格就崩塌了。"听后顿感震撼。

小川：哦，就是会有一个分明的边界。

河合：可谓毅然决然。因为是被这样建构的，所以如果越界，人格就会崩塌。说到这我经常会说，日本的教育者中那些绝对不看色情片的人，即使在巴黎看了一点，他们的人格也绝对不会崩塌（笑）。

小川：衣装整洁的上班族会在电车里翻开满是裸体画面的报纸。但把报纸合上之后，他们瞬间恢复原样。

河合：日本人生长在这种视无责任感和暧昧性为优点的环境之中。然而在刚刚提到的那些人眼里，这是完全不被允许的。这对艾希曼来说也是一样，与其承认自己是错的，还不如让自己去死。

小川：也就是说这与人格崩塌息息相关。

河合：那种痛苦，难以言表。

小川：之前还有一个男孩被一家日本公司生产的电梯夹死，而其社长的态度也是绝不道歉。

河合：道歉的话就意味着人格的坍塌，公司也会崩溃。

小川：总之，为那个死去的孩子低头道歉，他们是做不到的。

河合：绝对做不到。因为他们就生存在那样的文化之中。

暧昧与否

小川：在新宿街头漫步时常常会想，这里有现代化的超高层大楼，也有高架桥下的小酒馆。日本的街头，似乎不存在明确的界限。

河合：是的是的，日本在很多方面都界限模糊，这也使它成为一个非常有趣且神秘的国家。被别人误解也完全可以理解。

小川：但我倒觉得，在科技已发展到极限的今天，比起严密，或许这种暧昧性更让人们放松。

河合：没错。因此，今后的课题之一就是认真考虑严密性和暧昧性如何共存。两者在逻辑上存在矛盾，但还必须同时拥有矛盾的两个方面。既需要坚定，又需要模糊。实际上的确不能一边享受着科技的红利，一边又主张模糊的优越。

小川：这就需要掌握平衡。

河合：没错。因此，我一直在非常认真地思考是否有一种人生观和世界观，能让两者并存。人类之所以活着，就是因为我们存在矛盾。完全没有矛盾性、完全整合的东西，不是生物，是机器。生命本身就充满矛盾，我们应该意识到自己如何与矛盾共存、为什么会有矛盾，并带着这种意识生活下去。这也是我最近经常思考的一个问题。绝不能忽略这种矛盾啊。我曾在黑板上画过一幅图，想表达西方的现代思维和东方的传统思维虽然有所不同，但必须设法让双方共存。当时一个德国人就问道："教授，抱歉，请问不能把这两个合二为一，画成一幅图吗？"这时，我走到黑板的背面说："我认为那个东西大概在这里，所以是画不出来的。"大家都恍然大悟。也就是说两者并不在一个平面之内。

小川：哦，需要进入三维世界。

河合：是的，若不进入三维世界，不，准确地说是异次元，是无法将两者呈现出来的。

小川：也就是说不能融为一体，但可以在其间架起一座桥梁或者彩虹。

河合：我习惯用"个性"这个说法。个性的闪光点在于"我在矛盾中的生存方式就是这样的"。

小川：如何与矛盾相处，这也是人的个性得以展现之处。

河合：这个时候，自然科学就帮不上忙了，唯有故事可以。

小川：此时支撑个体的就是故事。

河合：是的。自然科学的成果可能变成数学公式，为大家提供普遍意义上的解释。而个体是生命，会成为一个故事。以上就是我的看法。

昨日重现

小川：老师的工作需要保守秘密，一定感觉很辛苦吧。

河合：打个比方，听到"我杀了人"这样的话，一定会感觉到很沉重，但如果能把这个事讲给其他人听，就会感到轻松一些。随着年龄的增长，耐受力会越来越强。

我最近常说"地球就是我的接收者"。

小川：是指您成了一个路径的意思吗？

河合：嗯。把一切都交给地球（笑）。

小川：那可的确是一个"死也无妨"的世界（笑）。

河合：是啊。如果最后是地球接收了这些信息，那无论听多少故事都没问题，而且很快就能忘记。

小川：是嘛！

河合：在这方面，我也很佩服自己。汤川秀树①先生很早就对梦非常感兴趣，当时还没有多少人相信梦的

---

① 汤川秀树，日本物理学家、日本学士院院士、诺贝尔物理学奖获得者。

解析。有一次汤川老师邀请我去他的研究所一起探讨有关梦的话题。汤川老师对梦的理解非常深入，一直在说："有意思，河合君，这个实在是太有意思了。"他还给我讲了自己的梦。听了之后我心里有一种说不出的滋味，因为我理解了汤川老师的痛苦和困境。但当时他给我讲的那些事，不到一周时间我就全都忘记了。

小川：忘记也是一种能力啊！

河合：是的。如果一直记得，就会想把它说出来。但因为忘记了，所以没法说。内容我完全忘记了，留在记忆里的只有听到的有趣的梦，仅此而已。有时认为来访者说的话被我完全忘记了，但在交谈过程中，三年前听眼前这个人说的一些故事偶尔会忽然浮上心头。对方可能会非常兴奋地说："先生居然还记得！"但其实我并不是记得，只是突然浮现出来而已。

小川：那个感觉好像是它们藏在了某个角落。

河合：对，藏在某个地方，然后会在适当的时候出现。

小川：这就是您说的"奇迹"吧。

河合：是的。被忘记的事情重现在脑海。这已经不是我个人的能力了。

小川：啊，暂存记忆的那个抽屉就是地球吧！

河合：是的，打开抽屉，出现了什么，就会把它说出来。没有出现，当然也就说不出来。刚开始工作的时候，来访者走后，我会一直想"他们怎么样了？""会不会死啊？"。等经验丰富了，就不会再有这样的想法。

小川：我祖父以前是金光教的师傅，他会坐在所谓的"结界"处，听信徒讲故事。在结束前，他一定会说一句固定台词："好，让我们把今天这些全部交给金光神吧。"我当时在院子里边玩边听，心里就想，就这个工作我也能做（笑）。

河合：这个一般人可做不到，绝对做不到。话说，这样的场所在日本是很开放的，周边有人说说笑笑也是可以的。

小川：基督教教堂的忏悔室，空间非常封闭。而金光教之所以会有"结界"，就是因为空间非常宽敞的缘故吧。

河合：我虽然没有说过"让我们把这些全部交给金光神吧"，但所做的事和他们是一样的。

小川：全身心地去倾听，这个的确跟金光教一样。所以金光教也被称为心理咨询宗教。

河合：我要是也能加上一句"把这些全都交给您了"就好了。我倒是可以试试（笑）。

小川：您可以说："我把这些全都交给地球了。"（笑）

关于陪伴

河合：咨询只要能做到认真倾听，不放弃希望，就能做好。但是，比如，经常会出现这样的对话："老师，我会去学校的。""太好了，听你这么说真的很开心。"但这样反复几次之后，这个孩子可能还是不去上学。这时如果咨询师感觉失望，就不行了。在对方说"我还是没去上学"的时候，咨询师是否仍能一直持有希望，这一点至关重要。

小川：仍然持有希望，坚信"没问题"。

河合：对方说"我没去学校"时，如果我的回应是"你可以的!"，就意味着我没有接纳来访者不去学校的这份悲伤，我是在回避。这时可以说一句"是嘛"，然后跟对方一起在痛苦中坚持，并且保持希望。始终能抱有希望，陪伴在对方身边，这就已经非常了不起了。但是这又谈何容易啊。

小川：在日常生活中也经常会有这种情况。有时我们可能想鼓励他人，但实际上并没有真正鼓励到他们，反而触动了对方的情绪。

河合：这个时候就需要适可而止。一般来说大家都认为用鼓励的话语来中止比较好。比如说，用"加油"来代替"再见"（笑）。

小川：意思就是"我先告辞了"。

河合：对，就是这个意思。但我们不会说"加油"，而是用"你今天带来的重担，我也帮你一同担着"这样的态度来告别。

如果我感觉到"我不行"，对方也会感到不安，他们也会觉得"看来好像不行啊"。在这种情况下，经验不足的咨询师就会认为"啊，我果然不行"，那来访者就会更不安。

小川：咨询师既要坚强，同时还要了解自己的脆弱。

河合：最重要的，还得内心非常强大。

小川：对，不然就会两个人一起倒下。

河合：对，一定要避免一起倒下。

小川：在家里跟爱人抱怨说"不行了，实在写不下去了"。他就会冒出来一句"那找编辑代笔好了!"（笑）。毫无鼓励可言。

河合：这个回答，真的是太睿智了。你肯定会想"我怎么能让那家伙帮我写呢?"，然后就开始奋笔疾书了（笑）。

小川：感觉自己掉入了井底，爱人却在出口处没了踪影。但我心里已经知道了出口的方向，所以敢于再探入深处一些。

河合：对，所以其实有很多种答案。

河合：这个话题下次还可以继续谈。其实很想跟你聊聊你的作品。《婆罗门的埋葬》这个题目很有意思。小川，你对"婆罗门"和"不杀生"的故事有所了解，对吧?

小川：其实没考虑那么多，只是查了查字典就那么决定了。

河合："婆罗门"是荣格非常喜欢的一个词。

小川：是嘛！

河合：下次可以聊聊这部作品。特别佩服你能写出那多好的故事，当然估计你爱人的耳朵也是磨出了茧子。

小川：经常和他吐槽："写不下去了，我真的写不下去了。"

河合：已经成为一个习惯，不说反而没意思了。比如说，阪田宽夫[①]老师的口头语就是"完了完了"。有一次他晕倒了，他的女儿后来从病房里走出来，说："我爸没事了。"大家都问她是通过什么判断的，她说："因为他说'完了完了'。"（笑）

小川：哈哈，是一样的（笑）。

河合：有一个故事很经典，叫作"没有希望的时候该怎么办"。刚才也说过，一直抱有希望地陪伴着是非

---

① 阪田宽夫，日本小说家、诗人，曾获芥川奖。

常重要的。这时就会有人问："那没有希望的时候怎么办啊？"此时一个声音从不远处传来："没有希望还有光啊！"抬头一看，发现我们是在新干线售票处（笑）。我特别激动，就说："希望的背后就是光啊！"对方略显吃惊地说道："回声①也回来了。"（笑）这是我最喜欢的故事，每天都在讲。

小川：各种东西的起名真的很有意思。

河合：好多名字真的起得特别好。爱因斯坦说"光是最快的"，其实并不准确。有比光更快的东西存在。

小川：是"希望"！

河合：小川，你知道光从太阳走到这里需要多长时间吗？八分钟。但如果向太阳说"拜托你喽！"，这句话瞬间就能抵达太阳。

小川：是啊，只需要一瞬（笑）。

河合：所以说希望比光还要快（笑）。知道"回声"和"山彦"②的区别吗？你在东京站喊一声"喂"，从东北方向传回来的"喂"的声音就是"山彦"，从

---

① 希望、光、回声，均是日本新干线列车班次的名称。
② 山彦，在东北新干线运行的特急列车班次的名称。

关西方向传回来的就是"回声"。

小川：原来是方向不同啊。

河合：你在东京站做个实验就知道了（笑）。

2006 年 6 月 15 日

于文化厅长官室

赘言后记：同行之路

收到刊载河合隼雄先生追悼特辑的 2008 年冬季号《思考者》，看着杂志封面上的遗照，不禁想再叫上一声"老师"。封面上的先生，正如佐野洋子女士在悼文中描述的那样，"仿佛是一个被阳光晒得蓬蓬松松的坐垫"。带着这样的面容，先生一直微笑着。想要松弛一下，他就会去松一松领带，或将右手放在自己的胸口。他有时还会露出洁白的牙齿，微微下挑眉毛，爽朗的笑声仿佛就在耳边。相信无论是对于我，还是对于所有曾与先生谋面的人来说，河合先生的音容笑貌仍犹在耳、历历在目。

对先生的了解，其实只限于这个表情。和河合隼雄先生仅有数面之缘。除了自己的专业领域之外，老师还曾与艺术、哲学、医学、宗教等各领域专家做过对谈，并留下诸多作品。深知很多同侪先辈曾目睹老师笑容背后的其他表情。自然有太多人比我更有资格去写关于"河合隼雄"的纪念文章。

因此，能有机会写下关于老师的只言片语，实感惶恐。也担心自己的观点是否存在偏差，对此多有不安。

本来，眼前的这一素笺应该写满先生的教诲。而现在这一切已然成为幻影。感觉独自被丢在白纸面前，无比孤独。还有好多想要老师阐释的问题，好多想要请求老师解答的困惑，好多想要和老师谈论的热点，然而，这些愿望终将无处安放，在我的心底挖出了一个巨大的空洞。

第一次见到老师，是在 2005 年 12 月 15 日，起因就是当时我的小说《博士的爱情算式》被拍成了电影。听说河合先生曾做过高中数学老师，对这部电影很感兴趣。仅仅这一句话就让我激动不已，没想到老师还为这部电影写了推荐文章，并邀请我在《周刊新潮》上一起对谈。由衷地感恩这次幸运的机缘。当时的对谈也被收录到了本书中，取名"灵魂之所在"。

　　最初预设的一次对谈，后来变为几次，最终，本人决定将其整理成书。个中原委，实说不清。但时至今日，仍清晰记得，第一次对谈临近结束时，当我听到"那么今天的对话就先到这吧……"这句话时，心中非常不舍，深感意犹未尽。或许是这个细节被编辑捕捉到，后来为我创造了再次对谈的机会。更令人意外的是，河合先生慨然应允，于是和老师的缘分就从推荐电影又向前迈进了一步。

　　值得一提的是，和老师的对谈从未制定所谓精密的提纲。没有预先设定的主题，就是说，本人随心所欲地提问，老师自由地回答。任由话题与思维自由流动。地点呢，也不仅限于东京，还可以是关西或其他有意思的地方。总之不做任何限制，可以完全按照我自己的想法来。而这个构想的开端就是继《周刊新潮》之后的第二段对谈——"一生一故事"，也就是本书的书名。[①] 对谈

① "生きるとは、自分の物語をつくること"，书名译为"活着，就是创造自己的故事"，在翻译章节名时，为使形式上与其他章节名保持统一，采用了"一生一故事"这一译法。

那天，是 2006 年 6 月 15 日。两个月后的 8 月 17 日，河合先生病倒的噩耗传来。

我二十几岁进入文坛，相对来说出道较早，因此经常在采访中被问及"为什么写小说?"。说实话，自己对此也不甚了了。即使没有被直接问到这样的问题，在谈到小说创作时，也很难说明自己写作的意义，所以我还是比较害怕将如此不成熟的自己暴露在大庭广众之下。

我是在为自己而书写吗？直觉告诉我并非如此。如果只是为了把自己内心深处的某种东西倾吐出来，想必很快就会陷入词穷的窘境。我是为了他人而写作吗？此话一出，想必也只会被大家解读为迎合读者，估计对方依然会继续追问，我也会感觉有些偏离自己的初心。

现在想来，其实不必非得解释清楚。但当时年轻的我试图在年长的采访者面前表现出自己的重要性，即便内容空空如也，也要在形式上建构起牢固的理由。只是单纯地为了接住对方投来的球，所以才在那里胡乱挥舞球棒。而不是去接住对方的问题，让对方的话在心里回荡，之后与对方分享自己的真情实感。

就在这时，读到了河合先生的著作，开始了解有关

"故事"这个概念。

尽管自然科学的发展一日千里，可以对人的死亡进行各种逻辑阐释，但对于自己的死亡和自己亲近之人的离去，冰冷的科技却力有不逮。当被问到"为什么会死?"时，答案或许是"因为出血过多"。这种回答显然毫无意义。要想接纳恐惧和悲伤，就需要故事。唯有如此，才能描绘出死后的生、无中的有。抑或说只有通过故事，才能与死亡和解。人只有拥有故事，才能将身体和精神、外部世界和内部世界、意识和无意识联结在一起，完成自我整合。人通常会因为表层的烦恼而感受不到深层的痛苦。表面的那部分可以通过理性加以强化，但内心深处的混沌却无法用语言进行逻辑表达。只有将其表达出来，将其与表层意识联结并完成心灵上的整合，才能进一步与他人建立联接。故事在这个过程中起到了至关重要的作用。依托故事，可以将原本无法用语言表达的混沌的部分转化成语言。生而为人，就是要去构建适合自己的故事。

接触到先生的阐释后，才第一次感觉到，写作的意义如此顺畅地滑入心底。河合先生的人格魅力与智慧光芒，穿透了一直以来我用理论构筑的虚幻铠甲，为身处迷茫与混沌的我，指明了新的方向。

原来如此！写小说并非因为我是作家。每个人都在生命中创造自己的故事。之所以写小说，是因为我是人，所以被问及"为什么写小说？"就相当于被问及"为什么活着？"。这个问题也正好切中了隐藏在铠甲背后的内心深处的纠结，而这种混沌无法用现实的逻辑来解释清楚也属正常。正因为无法说清，所以才写小说。

对此，本人深表认同。同时令我感到惊讶的是，现实与虚构竟然可以如此紧密地交织在一起。无论怎么放飞想象的翅膀，试图脱离现实，故事都不是飘浮在空中的妄想，而是植根于在现实中生活的人的内心。相反，如果没有这种联系，小说将毫无意义。

还有一点非常有趣。能够如此灵活且引起受众心理共鸣的人，不是作家、文学评论者或文学博士，而是一位临床心理学家。在心理分析治疗中，故事这一非科学的、被创造出来的设置，居然扮演着如此重要的角色，这是我前所未知的。

老师在《心的栖止木》^①一书中提到了丽贝卡·布朗的小说《家庭医学》，其中探讨了以故事为支撑的医疗观念，被称为"叙事医学"。《家庭医学》是一部出色的小说，作者以女儿的视角描写了母亲罹患癌症直至被折磨而死的全过程。小说中没有夸张的情感抒发，只是"淡淡"地描写女儿抚摸眼前母亲的身体、为她换尿布、用湿巾擦拭口腔的动作，表现出了送别自己所爱之人的悲伤。这部小说书写了在被宣告死亡的现实中，病患和家属走过了怎样的故事，非常精彩。

　　老师一生都致力于向那些与疾病斗争的人们传达"叙事医学"的重要性。

　　真正的"医疗"，不只需要诊断，也应该考虑到"故事"才对。^②

　　老师所说的"故事"，并不是一种否定事实的虚构，而是将"生命"和"灵魂"镌刻成触手可及的东西。无法手术的癌症是医生的诊断，这个诊断是事实。但来访

---

① 可参见［日］河合隼雄：《心的栖止木：河合隼雄谈心灵疗愈》，赖明珠译，北京联合出版公司2017年版。

② 译文参考了上述译本。

者和家属不会因为这是正确的、是事实，就对其予以认可。女儿在广告目录中为因化疗而脱发的母亲选择了一顶帽子。此类帽子都是用天然材料制成的，用途不是掩盖秃顶，而是让人觉得带上去很自然。在那一刻，女儿回忆起了在新学期开学和圣诞节的时候与母亲一起去买衣服的经历。她发现，之前所有的购物都是为了给孩子买东西，从未专门外出给母亲购物。就这样，母女俩在家里，聊着关于哪顶帽子更适合、哪种更适合外出的话题。此时，母女都相信一定还有机会再次共同出门……

这不正是故事拯救人的最好的例证吗？对灵魂的呼唤，不是通过化疗，而是在母女看广告目录选帽子的时光里完成的。

此刻，我的想象已飞向远方。在某个不知名的遥远小镇里，有一间背街的治疗室，里面的那位身心受伤、穷途末路的来访者正在述说着自己的困境。他独自一人面对着昏暗的角落，甚至不知道自己说的这些有何意义，只是在不停地讲述着，而我就藏身在黑暗深处，将他的每一句话认真地记录下来。为了证明在这个世界上总会有一个故事治愈你的内心，我将每个字毫无遗漏地留在笔尖。这，就是我写的小说……

这样想来，突然感到轻松了许多。如果我的使命就是记录这世上的各种故事，便无需害怕自己的渺小了。因为故事原本就在那里。

与老师的相遇，对我来说是一个重要的转折点。虽然撰写小说的过程依旧举步维艰，但我的"自我"在根部变得轻盈了，反倒因此获得了更自由的视野。蜷缩在昏暗的治疗室中，要比在混乱的漩涡里挣扎时，看得更远，呼吸得更深长。是先生，让我找到了一名作者的坐标。

谈论《博士的爱情算式》时，河合先生提到了很多"奇迹"，都是身为作者的我，此前完全没有意识到的。这着实让人惊讶不已。博士和根号君，年龄和社会地位天差地别的两个人，实际上拥有着共同的根基，他们之间的友谊也是理所当然的。最后，在博士家和此前相隔甚远的嫂子家之间，打开了一条路径。博士去世前，和成年的根号君玩接球的一幕，也隐藏着深刻的心理治疗意涵。所有这些，都是在河合先生指出后，我才初次意识到。

少年的名字"根号"，其实是我随意取的。因为这是一部以数学为主题的小说，所以就想从数学符号中取个名字。最后是在翻看参考书时，从 Σ、log、sin、cos、tan 等符号中，根据音韵随意选择了一个。

绰号是"根号"，那么就把他写成一个脑袋像 $\sqrt{}$ 一样扁平的孩子，因为介意自己的头形，总是戴着棒球帽。根号这个符号的形状就像是支起的屋檐，保护下面的数字，所以这肯定是一个会乐于助人的善良的孩子……尽管是小说中的重要角色，但实际上根号君的轮廓是这样一步一步勾勒出来的。至于老师提到的，这个名字同时具有"根号"和"路径"的含义，一方面象征着他与博士生发的友谊，另一方面也有在大人封闭的世界里开辟一条道路之意。这些都是身为作者的我从未想到过的深层意涵。

明明是随意取的名字，但后来已经超出作者的掌控，开始在故事中自由滋长，偶尔还会悄悄地在作者不知情时隐藏一些小秘密，读者中则有人会注意到这个秘密。此时作者被丢在一旁，只有根号君和这部小说的读者在默默交流。每每想到这个画面，都会让我感到无比幸福。承认自己不是绝对的创造者，而是为故事服务的辅助者，让我倍感安心。故事这个容器的容量要比作者用头脑想出来的东西大得多，这是作者再怎么使尽浑身解数也无法企及的。根号君并非我创造的角色，我只是跪拜在要书写的故事面前，把"根号"这个词放到了"故事"这个容器之中。抑或是说，在作者触及不到的地方，角色得以更加自如地生长。

其实在对谈结束后，我突然想起来一件事。其实我曾遇到过一个名叫根号的人，并一直把这个宝贵的回忆珍藏在心底，然而在给少年取名字时，不知为何我竟完全没有想起来这个人。在与老师对话的过程中，记忆才突然涌现出来。

这个人就是安妮·弗兰克的好友杰奎琳·范·马森女士的丈夫。

安妮和杰奎琳在犹太女中相遇后，便成了非常要好的朋友。两人会到对方家借宿，分享彼此的秘密，成了无可替代的挚友。后来由于安妮躲起来藏身，两人才被迫分开，自此再未谋面。杰奎琳经常出现在安妮的日记中，安妮称她为"尤碧"①。《安妮日记》中只有两封信是

① 可参见［德］安妮·弗兰克：《安妮日记》，何纵译，北方文艺出版社2006年版。

寄给实际存在的人物的，它们的收信人都是杰奎琳。信中写道："我衷心地希望，直到我们再次相见的时候，我们仍然是最好的'朋友'。"

等到战后杰奎琳收到这封信时，安妮已经惨死于纳粹之手。杰奎琳没有向任何人提起过自己是全世界最著名的日记中的登场人物。但随着时间的流逝，受到使命的驱使，她于1990年在荷兰出版了纪念之作。1994年，该书的日文版《安妮与尤碧：我与挚友安妮一起度过青春》（アンネとヨーピー：わが友アンネと思春期をともに生きて）出版时，杰奎琳和她的丈夫一同来到日本。而我刚好有机会采访这对夫妇。

根号先生静静地站在杰奎琳女士的身旁。他认真地听着采访，时而点头，时而远眺。妻子语塞时，他总是第一时间出言提示。他特别喜欢京都的生八桥①，在采访中，还特意为我从礼物中取出一盒打开分享。根号先生并不张扬，时刻留意身边人的感受，是位绝对的绅士。他时不时露出微笑，非常亲切迷人，令人难以忘怀。总

① 生八桥，日本京都著名的和果子老铺。

之，这对夫妇识大体、有分寸，不管获得什么赞誉，都深信应当将其给予安妮·弗兰克，而非他们自己。

说起来，根号先生也是在藏身处得以存活下来的犹太人。少年时代，为躲避针对犹太人的大抓捕，根号被迫与父母分开，被寄养在荷兰东部某个小村庄里的一户人家。亨克和希尔达夫妇有两个年幼的孩子，深知藏匿犹太少年会给一家人惹上巨大的麻烦，但是出于人性的正义，这对夫妇决定坚持自己的想法。对此，家中的老人表示反对。聪明的少年根号非常理解自己的尴尬处境，以及收留自己的寄宿家庭所面临的两难境地。但同时，他也感受到了这对夫妇对神的虔诚，并向他们全然打开自己的内心。少年无法见到自己的父母，甚至不知道他们的下落和生死，他不能去上学，每天只能通过广播远程学习。就连意识到自己是"家庭"中唯一一个鼻子形状和其他人不一样的人，都会令他感到恐惧。在这个小村庄里，还有几个和根号一样的孩子，显然也是以某种模糊的借口成为收养家庭中的一员。但无论是大人还是孩子，还有根号本人，都对这个秘密绝口不提。正是因为以沉默为前提的承诺，根号得到了庇护。战争结束后，亨克叔叔用一辆破破烂烂的自行车载着自己的"外甥"，把根号送到了亲生母亲藏匿的村庄。那是一次充满喜悦的重逢，也是一次痛苦的分别。

"如果有机会，真的想听您先生多讲一些他的故事啊。"

访谈结束后，与杰奎琳女士闲聊时，提到了根号先生的身世，当时我脱口而出说了这句话。杰奎琳女士的书中有一张1943年拍摄的少年根号的照片，听到我说照片里的男孩儿实在是太可爱了的时候，根号先生微笑着点了下头，并没有多说什么。

照片上的少年散发着令人难以忘怀的魅力。他被人叫住，转过身来看向镜头的方向，柔软的头发梳得整整齐齐，大耳朵很显眼，圆润的脸颊和眼中的光芒仍然透露着一丝顽皮的孩子气。聪明，天真，活泼，充满希望，充满爱……所有少年身上具有的可爱品质都展现在其中。想到这个少年的生命受到威胁，甚至不敢大声喘气地生活了数年，我分明感到无法言说的悲哀。

这个根号先生和小说中的根号君，当然并无关系，他们仅仅是偶然地拥有一个相同的名字而已。但在与河合先生对谈之后我突然意识到，也不能将这一切简单地归为偶然。

那个对收留自己的夫妇之于上帝的虔诚信仰感同身受、那个对自己鼻子的形状与身边人不同心有余悸、那个坐在自行车后座上紧紧抱着"舅舅"后背的懵懂少年，如果让他和博士投球，也会非常自然和谐。可想而知，根号少年一定也会像小说中那样，投出对博士来说比较容易接住的球，并且能够应对博士的刁钻投掷。我的脑海中不由浮现出一幅画面：在藏身他处的犹太少年和胸前挂着江夏队棒球卡的博士之间，圆圆的球儿来来回回。

故事和现实如此这般紧密联系在一起。我也感觉自己所写的小说不再虚无缥缈，而是与现实大地产生了切实呼应。刹那间，我由衷地感受到了写作的意义。

本来是要记录关于河合先生的点滴，但写到这里突然发现，好像一直在谈自己的感受。正如茂木健一郎[1]先生在悼词中所说，有好多次老师在乘坐出租车时，司机

① 茂木健一郎，日本著名脑科学家、脑科学应用第一人。

碎碎叨叨地倾诉着自己的经历。哪怕对着素昧平生、只看到自己后脑勺的陌生人，他们还是会袒露心怀，畅所欲言。这样想来，我现在在这里写了这么多自己的事，或许也情有可原吧。

前面还提到了"发生奇迹"这句话，这也是老师在他的作品和对谈中多次使用的表达方式。在《物语人生》[①] 一书中，河合先生如是说：

笔者作为心理治疗学家，经常会接触到人类生活中的"现实"。按照普通治疗方式，有的咨询者已被认定为"无计可施"。这些人要获得正常生活，需要经历巨大痛苦，与治疗师一起长期并肩战斗。但是有一点必须承认："偶然"是解决问题的重要因素。我的实际感受是，对于一起历经苦痛的当事人来说，发生的那些"巧合"，与其说是"偶然"，不如称之为"内在必然"更合适，但在旁观者看来，这件"巧合"之事只能成为"偶然"。总之，一些既让人觉得"不可思议"又可称为"理所当然"的事

---

① 可参见［日］河合隼雄、河合俊雄：《物语人生：今者昔、昔者今》，王华译，生活·读书·新知三联书店 2022 年版。

情经常发生。①

这个"偶然"对作家来说固然十分有趣，但最令我吃惊的是，河合先生作为一名专业的心理治疗师，竟然毫不拖泥带水地将"偶然"这种模棱两可又无法控制的现象带入自己的治疗中。或许会有人草率地认为，最后治愈的结果也是偶然发生的，与心理治疗师的水平无关。关于这一点，正如在本书中老师所说的那样，来访者能够抵达"偶然"的关键就在于是否有出色的心理治疗师的引导。然而，老师也始终坚信，无论是"偶然"还是"奇迹"，都产生于来访者自身。我能够深切地感受到老师对来访者的尊重，河合先生始终相信那些深陷绝望泥潭的人拥有自我解脱的力量。

抑或说，心理治疗师的能力发挥得越充分，在表面上看起来就越像是来访者自己偶然间治愈了一般。在《心理治疗入门》②一书中，河合先生写道："当来访者康复时，治疗师其实也得到了成长；当治疗真正结束时，

① 译文参考了上述译本。
② 可参见［日］河合隼雄：《心理治疗入门》，饶雪梅译，东方出版中心2021年版。

来访者和治疗师之间的关系也会随之结束。"① 虽然从未见过老师做心理咨询，但从他的只言片语中我能够感觉到，在心理治疗的过程中，治疗师始终是一个配角，服务于来访者和偶然事件。于我而言，这一形象与作家跪拜在故事前的画面不谋而合。

小说中那些被认为是虚构的"偶然"呈现在现实生活中，拯救了已经被宣告无药可治的来访者。对作家来说，这一切实在令人难以置信。河合先生的专业，就是和人的现实生活打交道，他还曾说过，还有很多本应被表达但又尚未被表达的现实，需要小说去发现。说到这，我不禁想起了美国作家保罗·奥斯特。奥斯特经常在他的作品中放置"偶然"，并将其作为准确把握世界的一个中心点。比如，在他的代表作《月宫》② 中，主人公极其偶然地遇到自己的祖父，一切突如其来，令人措手不及，毕竟他甚至都不知道祖父的存在，而后主人公又与父亲相逢，还不得不陪他们走完人生的最后时刻。另外，在

---

① 上述书籍中并未出现该表述，与之相近的表述是，"千万别忘了心理治疗的故事结束之时，被发现的故事便开始解体，新的故事已然开始"。

② 可参见［美］保罗·奥斯特：《月宫》，彭桂玲译，上海人民出版社2008年版。

题为《为什么写作》（收录于《红色笔记本》[①]）的散文中，奥斯特记录了亲身经历或所见所闻的诸多难忘的偶然事件，其中提到选择作家这条道路就源于一个偶然事件。八岁时，奥斯特得到了一次机会，可以获得自己的偶像纽约巨人队球员威利·梅斯的签名，结果却因为没有带笔而错失良机。"生活给了我一次考验，而我发现在各方面我都不及格……如果没有别的，这些年至少教会了我一件事：如果你的口袋有支笔，总有一天你会想要去用它……我就是这样成为一名作家的。"[②]

奥斯特因为见到威利·梅斯时没有带笔，多年后兜兜转转成了一位作家。如此看来，现实世界还真是妙不可言啊。我常百思而不得其解，为什么偏偏会在那个时候发生那个偶然事件呢？有些事就是这样，没有策划，也没有精心安排，但它们就是会在某种力量的作用下走向某处。又或许是一些原本并不相关的事情，不知不觉间慢慢走近，并且展现出超乎想象的走势。这让人不禁

① 可参见〔美〕保罗·奥斯特：《红色笔记本：真实的故事》，小汉译，译林出版社 2009 年版。
② 译文参考了上述译本。

感慨：人生即故事。而在那一瞬间，我感觉自己似乎无限接近现实的本质。当现实与故事不再相互对抗，而是融为一体，重要的真相便会浮出水面。

因此，作家必须正确看待现实。即使是不依靠文献和实地取材，只是纯粹凭想象写成的小说，也需要仔细观察现实世界，否则无法创作出好的故事。这也是我对于河合先生给予的忠告的理解。

故事就在那里。

不时想起河合先生的这句话，并将其作为座右铭鞭策自己。

对谈中，当河合先生听到在日航御巢鹰山坠机事件的遇难者中有一名独自乘机的九岁男孩时，流露出了深深的悲伤。本应是兴奋的一人之旅，最终却以悲剧收场。可想而知，孩子的母亲一生都会背负未能陪伴的负罪感。在那一刻，注意到老师脸上的表情，听到他不经意间流露出的叹息声，还有他将目光专注在空中的某一点，当时便十分确信："先生是如此真实的存在。"虽说从来没有怀疑过河合先生的真实性。但是在那一瞬间，作品留给我的印象，面对面交谈留给我的印象，还有当时那一刻在我眼前的老师，三者融为一体。那一瞬间，河合先生把当时并不在场甚至不知道名字的陌生人的悲伤，带入了自己的内心。虽然这并非对谈中的话题，但河合先生仍向那位不得不承受人类最大痛苦的母亲，表达同情。

先生还说过，心不在焉一定会被来访者感知到。相信来访者一定都能感受到河合先生无时无刻不在全身心地跟他们待在一起。虽然我既不是心理学专家，也不是来访者，说这些话或许稍有不妥，但那时的我真真切切地能够感受到老师给予的特殊力量，足以让坐在对面的人放下戒备，敞开心扉。

另外，在接收到来访者的痛苦之后，心理治疗师是无法将其向外言说的，无法想象这有多么困难，我所经历的充其量就是偶尔被朋友提醒要保守秘密这样的小事。在日常生活中，我们几乎接触不到绝对不可泄露的隐私。相反，大都是一些即使不小心说漏嘴了，也没什么大不了的琐碎话题。

与之相比，先生守护的秘密则不可同日而语。老师虽然故意淡化："没问题，有地球接着我呢。"但一直保守秘密绝非易事，要彻底忘记自己听过的事又谈何容易，估计一般人很难做到。

　　我采访过曾对安妮·弗兰克一家藏匿给予支持的米普·海斯女士，我问她"最难熬的是什么时候?"，她的回答是"必须一直保守秘密"，这让我感到非常意外。我没想到最艰难的时刻不是配给的食物不足以让所有人果腹，也不是担心德军发现书柜里隐藏的机关，而是出于对自己会不小心泄露藏匿犹太人这一事实的恐惧。

　　在刊载老师追悼特辑的《思考者》中，有几张照片源自河合先生的家庭相册。其中好多张照片，老师手里都拿着乐器(我还发现老师和他的母亲长得特别像)。平面影像中有在四兄弟一起组建的"克雷·四重奏"中吹笛子的老师，有与京都大学交响乐团的成员在一起的老师，还有拨动着哥哥的曼陀铃琴弦的老师。

　　特辑中还有一页是老师平时常用的笛子的写真。照片下方的标题是"本是无欲无求之人，唯为笛子倾注大量家财"。严守来访者秘密与自如顺畅地呼吸，老师应该是在这两者之间达成了巧妙的平衡吧。好想亲耳听一听日常不断与现实抗衡并将其积压于心的老师会用笛子演奏出怎样的音色。只可惜，再无机会了。

2007 年 9 月 2 日，老师的告别会在京都举行。当天，在我的斜前方，有一位看起来约三十岁的女性，独自坐在那里，不停啜泣。

她的哭声几不可闻，只是默默地用手帕掩住口鼻，但从耸动的背部不难发现，她一直在哭。会场里坐满了人，我坐在后面的角落里，距离老师的遗像比较远，但看着照片上老师那微笑的面容，真的觉得老师去到了一个没有秘密和痛苦的地方。

我一直注视着斜前方的那位女士的背影。当然不知道她是谁，但隐隐的哭声非常干净清澈，就像新生儿发出的啼哭一般，渗透出一股悲伤，仿佛是在向这个世界呐喊。

"你一定非常悲伤吧。"

当我对她的背影低声说出这句话时，虽看不到她的脸，但不知为何，感觉我们俩的目光交汇在了一起。

后来我随着献花的队伍来到祭坛前。老师的遗像被柔和而又明亮的光线包围着。忽然意识到，不是灯光照亮了老师，而是老师自己在发光。

献花结束后，那位女士始终背对着我，渐渐消失在会场外的人潮中。

"布拉夫曼是荣格最喜欢的概念之一。"

最后一次见面时，约定好下次的对谈要以这个话题开始。而布拉夫曼，是我写过的一本小说中一个动物的名字。[①]

好想听您讲讲荣格和布拉夫曼的关系啊！这个名字是不是也和根号一样，蕴藏着好多我自己的无意识。上天知道我为这个愿望祈祷过多少次。

现在手头还有三页记录，记下了我和老师对谈之后的一些感想。其实不算是接下来的谈话提纲，更像是可以让编辑放心的笔记。上面写着几个关键词："个人与故事""人类与故事""国家、社会与故事"。

关于这些问题，老师曾留下过一句话：

"个人以故事的形式接受内心的混沌，与此同理，国家和社会是不是也可以通过故事将其内部的不安、不满、伤痛和忧愁加以言说，从而缓和与对立群体的关系。"

---

① 可参见［日］小川洋子：《婆罗门的埋葬》，讲谈社 2007 年版。

可惜的是，永远不会得到老师的回应了。

我和先生的对话终止于此。之所以写了如此之长的后记，是因为相信这些也都冥冥之中自有意义。无数个将世界相连的作用力，也一定在这里起到了作用。

"您说对吗？先生。"

我对着遗照轻声问道。河合先生一直微笑着，就像他此前一样，未曾改变。

小川洋子

河合隼雄（かわい·はやお）

1928 年出生于日本兵库县，临床心理学家，京都大学教育学博士。京都大学理学部毕业后，前往美国留学，之后在瑞士的荣格研究所深造，成为首位获得荣格心理分析师资格的日本人，对荣格分析心理学的阐释和实践做出了巨大贡献。他曾担任过国际日本文化研究所所长、文化厅长官等职务并撰写大量著作、翻译诸多作品。虽然年过半百才开始学习长笛，但他还是达到了可以开音乐会的程度。河合以幽默风趣著称，自称"谎言俱乐部"会长，活跃于各个领域。 2007 年 7月 19 日河合先生逝世。

小川洋子（おがわ·ようこ）

1962 年出生于日本冈山市，毕业于早稻田大学第一文学部文艺科。1988 年以《燕尾蝶受伤时》获海燕新人文学奖， 1991 年以《妊娠日历》获芥川奖， 2004 年以《博士的爱情算式》获日本读卖文学奖和本屋大奖，并以《婆罗门的埋葬》获泉镜花文学奖， 2006 年以《米娜的行进》获谷崎润一郎奖。另有著作《不冷的红茶》《无名指的标本》《安妮·弗兰克的记忆》《偶然的祝福》《眼睑》《海》《博士的书架》《徘徊在黎明边缘的人们》《敲响科学之门》等。

译者后记：一生一故事

第一次看河合隼雄的书，是在很多年前某个深夜的城际高铁上。

因为喜欢村上春树，出门前随手拿了那本《村上春树，去见河合隼雄》。那段三百公里的旅程，过得很快。看到的内容，已然大体模糊，却记住了这个被村上视为知己的"文化厅长官"的名字，以至于前往早稻田大学"寻找"村上春树的那年，还顺便在高田马场附近的二手书店买回了很多河合的文库本。

说起来，也都是十年前的往事了。

增长的年龄，压制了阴燃的焦虑，近乎窒息的大脑，自然不会再去尝试通过村上春树笔下的"僕"印证所谓自我的与众不同。接受平凡的现实并不让人感觉残酷，只是自愿放弃了挣扎，和绝大多数人一样，平静地溺毙于不冷不热、不痛不痒的日常。弃读村上的这段日子，反倒会时常翻起河合的书。

隐约感觉自己病了，隐约感觉或许可以在河合那里找到药方。用卡夫卡的比喻来概括，村上也好，本人也罢，抑或是读者诸君，我们大多数人其实根本不是在生活，只是像珊瑚附在礁石上那般，附在生活上。而且，我们比那些原始生物可怜得多。我们没有能够抵御波涛的坚固的岩石，也没有自己的石灰质外壳，只分泌腐蚀性的黏液，使自己更加软弱，更加孤独——因为这种黏液把我们和其他人完全隔离开来。

在这个瞬间，突然体悟到了村上为什么要去见河合。

河合不是医生。只是以数学家的精密与禅者的通透，为坐在对面困囿于现代性迷局的我们，或者我们的灵魂，构筑起一座连通外在与内在、本我与自我的精神桥梁。这位游走于京都学派与荣格心理学之间的思想者，将东方文化中"物哀"的幽微情致熔铸进分析心理学的框架之中，尝试用"无为"帮助我们重新书写生命叙事的原始代码。在论及灵魂本质时，河合以数学"不可分割性"作喻，恰如将无限直线收束于有限线段，道破了现代性精神分裂的病灶。当工具理性将存在切割为可量化的碎片，那些在割裂处消逝的，正是维系人格完整的精魂。这种对"完整性"的执着，暗合荣格的"自性化"过程，也浸润着物我交融的东方智慧。河合以古画修复的裱褙技艺为喻：若补缀新布过于刚硬，反会撕裂旧绢。这让人想起钱锺书论传统与现代的辩证——东西方智者在文化修复的隐喻中殊途同归。

河合不是数学家。但其对"友爱数"的诠释，实为"共时性"原理的数学显影。284 与 220 的奥秘，恰似《周易》"数往知来"的现代注脚。在算法统治的数字化孤岛中，河合提醒我们，真正的联结不在数据洪流的连接，而在灵魂震颤的刹那。这种洞见让沉迷社交网络的世代恍然：陶渊明"欲辨已忘言"的顿悟，远比千万次点赞更接近存在之本质。在其与小川洋子的对谈中，沙盘游戏疗法化作文学隐喻，笔下的数学游戏恰似另一种沙盘。来访者将创伤凝固于微型景观，小说家则将困顿升华为艺术符号。这种治疗与创作的辩证，令人想起王国维"造境"之说：心理咨询不是病理解剖，而是陪来访者重写生命剧本。在沙盘中，我们最执着的不是压力符号，而是未完成的乐高结构，这恰恰印证了河合提出的"生成性治愈"这一洞见：当标准化评价将人生简化为解题步骤时，保持叙事的开放性便成了抵御异化的精神抗体。

河合是建构者。在跨文化心理学研究领域，他的理论体系呈现出独特的认识论突破，特别是通过对荣格自性化理论的创造性转化，将分析心理学的东方化推向全新境界，其学术价值不仅体现于临床治疗技术的革新，更在于构建了东西方心灵哲学对话的认知坐标系。在认识论层面，河合隼雄通过拓扑学与禅宗哲学的跨学科整合，建构了独具特色的完整性人格理论。他创造性运用拓扑学中的不可分割性定理诠释心理结构，提出人格完整性并非实体性存在，而是类似克莱因瓶的动态拓扑形态。这种将数学模型严谨性与东方心性论相结合的研究路径，有效解构了笛卡尔主义身心二元论的理论困境。在京都学派"纯粹经验说"的基础上，河合发展出"叙事性存在"概念，强调个体心理完整性体现为生命故事在时间维度的连续统建构。这种理论框架既规避了弗洛伊德心理决定论的机械倾向，又超越了荣格原型理论的超历史性局限。在方法论创新方面，河合隼雄对沙盘游戏疗法的本土化改造开创了文化特异性治疗的新范式。他突破传统沙盘游戏疗法的诊断—治疗二元框架，将日本古画修复中的"裱褙技艺"转化为心理治疗技术，提出"生成性修复原则"，主张治疗过程应遵循文化遗产修复的"最小干预"理念，咨询师需如同经验丰富的裱褙匠人，通过提供柔性支持框架而非刚性矫正方案，促进来访者创伤记忆的自主重组。在文化治疗实践维度，河合学说为数字化时代的认同危机提供了独特解决方案。通过将荣格共时性原理与《周易》象数体系进行创造性对话，有人提出了"算法时代的心灵拓扑学"理论。对"友爱数"的心理学诠释揭示出，数学确定性与情感不确定性的辩证关系，恰恰构成现代性焦虑的认知根源。这种数理逻辑与情感逻辑的并置考察，为解析社交媒体时代的孤独悖论提供了全新视角。

河合是旁观者。叔本华说，在舞台上，有人扮演王子，有人扮演大臣，有人扮演奴仆，有人扮演士兵或将军。这一切都只是外表的不同，脱下这些装束，骨子里大家不过是一些对命运充满了忧虑的可怜演员而已。身为蹩脚的演员已然不幸，但或许更为可悲的是观众席上空无一人。而河合，恰恰就像是坐在对面，静静观赏你的唯一一个人。河合隼雄的诊疗室里从不设置弗洛伊德式的卧榻。这位执伞立于人生舞台暗处的观者，深谙叔本华戏剧隐喻的现代性困境——当存在主义危机将每个人都推向聚光灯下，他选择在观众席第一排永恒驻守。不同于古典精神分析的考古式挖掘，他的沙盘游戏疗法更像是为独幕剧搭建平行宇宙：来访者既是哈姆雷特又是掘墓人，而他始终是那个在幕间递上热茶的沉默见证者。在京都某间和室改造的咨询室里，河合曾用三十年时间凝视过无数"蹩脚演员"的即兴演出。这种诊疗伦理暗合能剧"间"的美学——正如世阿弥在《风姿花传》中强调的留白，真正的治愈往往发生在咨询师呼吸的间隙。这种"在场而不介入"的诊疗智慧，与荣格的共时性理论形成奇妙共振。而他对"观众席"的重新定义，颠覆了传统医患关系的权力结构。当弗洛伊德举着考古刷寻找童年创伤的陶片时，河合更像《枕草子》里记录四季流转的女房——用不带评判的凝视，将诊疗过程升华为美学体验。"真正的观众不是评判者，而是共谋者。"河合在某次研讨会上曾如是说。

读到这里，诸君想必已经作为旁观者，目睹了河合与小川的这场对话。无论作何感想，有一点是确定无疑的——个中阅读体验，足以切开附着在我们身上的黏液。

毕竟，活着，就是创造自己的故事。

感谢东方出版中心各位编辑的耐心与付出。特别感谢穆旭明博士（国际表达性艺术分析学会专业委员、国际沙盘游戏治疗学会中国学会沙盘游戏分析师）为本书所做的心理学专业译审工作。考虑到本书的对话体叙事风格及叙事者的性别，文中河合部分由本人负责翻译，小川的对话由宋婷老师负责翻译。

李立丰

2025 年 2 月 22 日于沈阳

图书在版编目（CIP）数据

活着，就是创造自己的故事 / （日）河合隼雄，（日）小川洋子著；李立丰，宋婷译. -- 上海：东方出版中心，2025. 3. -- ISBN 978-7-5473-2673-2

Ⅰ. B84-49

中国国家版本馆CIP数据核字第2025EG4311号

上海市版权局著作权合同登记：09-2025-0130号

活着，就是创造自己的故事

著　　者　[日]河合隼雄　[日]小川洋子
译　　者　李立丰　宋　婷
策划编辑　陈哲泓
责任编辑　时方圆
封面设计　左　旋

出 版 人　陈义望
出版发行　东方出版中心
地　　址　上海市仙霞路345号
邮政编码　200336
电　　话　021-62417400
印 刷 者　上海万卷印刷股份有限公司

开　　本　787mm×1092mm　1/32
印　　张　4
字　　数　56千字
版　　次　2025年4月第1版
印　　次　2025年4月第1次印刷
定　　价　49.80元